Applied Research of
Ecological Economics in
Main Functional Areas

生态经济学在主体功能区中的应用研究

汤 薇 /著

中国财经出版传媒集团

经济科学出版社
Economic Science Press

图书在版编目（CIP）数据

生态经济学在主体功能区中的应用研究/汤薇著 .
—北京：经济科学出版社，2016. 11
ISBN 978 - 7 - 5141 - 7547 - 9

Ⅰ.①生… Ⅱ.①汤… Ⅲ.①生态经济学 – 应用
– 区域规划 – 研究 – 中国 Ⅳ.①F062. 2②TU982. 2

中国版本图书馆 CIP 数据核字（2016）第 303278 号

责任编辑：凌　敏　程辛宁
责任校对：杨晓莹
责任印制：李　鹏

生态经济学在主体功能区中的应用研究
汤　薇　著
经济科学出版社出版、发行　新华书店经销
社址：北京市海淀区阜成路甲 28 号　邮编：100142
教材分社电话：010 – 88191343　发行部电话：010 – 88191522
网址：www. esp. com. cn
电子邮件：lingmin@ esp. com. cn
天猫网店：经济科学出版社旗舰店
网址：http：//jjkxcbs. tmall. com
北京密兴印刷有限公司印装
880 × 1230　32 开　8. 5 印张　190000 字
2016 年 12 月第 1 版　2016 年 12 月第 1 次印刷
ISBN 978 - 7 - 5141 - 7547 - 9　定价：26. 00 元
（图书出现印装问题，本社负责调换。电话：010 – 88191510）
（版权所有　侵权必究　举报电话：010 – 88191586
电子邮箱：dbts@ esp. com. cn）

前　言

20 世纪 60 年代以后，可持续发展的思想在全球兴起，罗马俱乐部 1981 年的报告《关于财富和福利的对话》中提到，经济和生态是一个不可分割的总体，在生态遭到破坏的世界里，是不可能有福利和财富的。可以毫不怀疑地预见，生态经济学会逐渐发展成为经济学的主流。在经过了经济总量的长期迅猛增长，并伴随着严重的生态环境破坏以至大自然开始疯狂报复之后，我国政府提出了建设主体功能区的发展战略，这是在对我国区域发展理论深刻反思的基础上提出来的。从 2006 年"十一五"规划纲要提出将国土空间划分为优化开发区、重点开发区、限制开发区和禁止开发区四类主体功能区到现在，只有短短几年时间，因而关于主体功能区的探索和研究未成体系，尤其是生态经济学作为主体功能区的重要理论基础，还没有得到足够的重视。本书旨在为主体功能区寻找生态经济学理论依据，同时也为生态经济学在我国当前的经济发展中寻找用武之地，构建生态经济学应用在主体功能区中的理论体系。

主体功能区是一个新生事物，是在我国经济、社会、文化发展的特定历史阶段和特定国情下的产物，在世界上尚属首创。主体功能区建设大致包括划分、规划、实施和政策绩效评价几个部分，其中生态经济学在主体功能区的划分、规划和政策实践中具有重要的指导作用。本书正是从这一视角出发，系统地研究了生态经济学在主体功能区中的应用。

全书可以分为三个部分。第一部分为全书的研究奠定了基础。第1章是研究的起点，介绍了本书的写作背景和意义，全面梳理了国内外关于主体功能区和生态经济学的研究现状和成果。第2章从总体上概述了主体功能区和生态经济学的基本理论。主体功能区的内涵丰富，不同于历史上其他形式的区划，不同类型的主体功能区有各自的发展方向，这种发展战略对我国区域经济的发展和重构有着深远的影响。作为一门新兴的边缘学科，生态经济学有特定的研究对象、范畴和性质，也反映了不同于主流经济学的伦理观。本书还进一步阐释了生态经济学的基本理论和研究方法。

第二部分是本书的核心部分。第3章从宏观上阐述了主体功能区的生态经济学基本理论依据，在生态经济学领域中探讨了对主体功能区的深层次解析。其中生态经济系统理论既是生态经济学的基本理论，又是主体功能区建设的基础和前提，生态经济平衡理论和生态经济效益理论也是主体功能区划分和规划的重要参考。合理划分是主体功能区建设的第一步。第4章研究了主体功能区划分的生态经济学直接理论依据。生态经济区划理论为主体功能区的划分提出了思路和原则，本书重点从生态经济学角度逐一讨论了主体功能区划分的依据：资源环境承载力、开发密度和发展潜力。主体功能区的规划和实施是主体功能区建设的核心部分。第5章研究了生态经济学视野下主体功能区的规划。生态经济学从三个方面为主体功能区的规划提供了指导，保证了其可行性：一是生态经济规划理论为主体功能区规划提供了具体的原则、思路和方法，二是发展生态产业可以作为各个地区建设主体功能区的有效途径，三是建设生态城市应当成为主体功能区规划的重点。第6章研究了主体功能区的生态补偿，生态补偿是主体功能区最重要的生态经济政策。本书揭示了主体功能区生态补偿的原因，提出生态经济价值是补偿的价值基础，剖析了相关的公共产品理论、外部性理论和区域补偿原理，并重点讨论了作为主体功能区的补偿原则的生态经济伦理，之后提出结合国情探索有效的补偿模式。

　　第三部分是对前文研究的实践应用。第7章以山东省的主体功能区建设为实例，探讨了生态经济学的应用。首先介绍了山东省整体资源环境状况和近年来的经济发展尤其是生态经济的发展现状，在此基础上搜集最新统计数据并应运用 SPSS 统计软件，从生态经济发展的角度对山东省17个地级市进行了主体功能区的试划分，并针对不同类型的主体功能区提出了相应的生态经济政策建议，之后对山东省的生态产业发展做出规划设计，提出资源枯竭型城市枣庄市向生态城市转型的构想。第8章对全书进行了总结，并展望了本研究领域今后的发展。

　　总之，本书致力于搭建生态经济学学科和主体功能区建设之间的桥梁，使二者紧密结合，互相促进。

目　　录

第 1 章

绪　论

1.1　研究背景和意义

生存与发展是人类社会永恒的主题，也是经济学的终极目标，经济增长是人类社会生存与发展的基础。世界进入近代史以后，生产力水平提高到前所未有的程度，马克思在《共产党宣言》中写道："资产阶级在它的不到一百年的阶级统治中所创造的生产力，比过去一切世代创造的全部生产力还要多，还要大。"① 在接下来的 20 世纪中，世界的经济总量增加了 30 多倍。全世界 2000 年一年创造的产值，超过了整个 19 世纪。经济似乎发展了，人类的生存境况呢？全球性的人口膨胀，自然资源的盲目开发、生态环境不可逆转的污染和破坏、植被退化、水土流

① 马克思，恩格斯. 共产党宣言（第 3 版）［M］. 北京：人民出版社，1997：32.

失、物种灭绝、土地荒漠化、地下水干涸、厄尔尼诺现象、瘟疫以及一系列的自然灾害接踵而至。地球负荷加重的同时，伴随着人类的生存危机。20 世纪中叶，工业化国家开始相继出现各种公害事件；进入 21 世纪以后，我国各地自然灾害也明显增多：南方的雪灾、西南的大旱、百年不遇的暴雨、令人窒息的雾霾、一次次刷新的气温纪录等，不胜枚举。

亡羊补牢，但愿为时未晚。虽然人与自然和谐共存的思想自古有之，但是真正意义上的生态经济学却是在人们对近代以来三次产业革命的反思中产生的。20 世纪六七十年代《寂静的春天》《未来宇宙飞船地球经济学》《增长的极限》等文章相继发表，引发了全世界关于人类未来何去何从的大讨论，并催生了生态经济学。生态经济学关注经济、社会、环境的可持续发展，关注人类生存的基础和发展的意义，这是全人类共同面临的问题。生态经济学突破了传统经济学局限于研究人的经济行为的框架，将研究范围拓展到整个生态经济系统，囊括了自然界和人类社会。可以说，生态经济学是迄今为止研究范围最为宏大的一门学科，带有一定普适性。20 世纪 80 年代以后，可持续发展的思想深入人心，生态经济学有了长足的进步。虽然只有半个世纪的发展历史，生态经济学学科体系比起主流经济学还有很多需要完善的地方，但是已显示出强大的生命力，逐渐对主流经济学形成冲击和挑战，受到世界各国的广泛重视，并在一些发达国家从理论走向实践。我国的生态经济学学科于 1980 年由经济学家许涤新先生倡导建立，30 多年来理论研究趋向完善的同时，也开始与具体应用领域相结合，衍生出多个分支，成为与环境经济学、循环经济学等共同发展的新兴学科。

但是，作为一门边缘学科，生态经济学除了有生态学和经济学的交叉融合，还涉及哲学、伦理、地理、气象以及很多自然科学和社会科学领域，生态经济学的研究对象生态经济系统也具有地区性和复杂性。因此，生态经济学的研究和应用除了需要运用各种知识和方法，还需要全方位的技术和政策支持。客观地说，生态经济学的发展和应用远没有环境经济学和循环经济学那么快速和广泛。改革开放以来，作为举世瞩目的经济增长大国，我国一直以国内生产总值的大小作为发展的衡量标准，即使人们的环境意识逐渐增强，也只是在小范围、小产业内探索环境保护和资源的循环利用。究其原因，环境经济学和循环经济学是以西方经济学的稀缺理论和效用价值论为基础的，是一种关注中短期、效率优先的功利主义理论。而生态经济学则截然不同，它以一种悲观的态度，从多维度来衡量经济增长，在GDP和碧水蓝天之间艰难抉择，立足长远、以可持续性为重。与学科发展相对应的是一个不争的现实，即长久以来"环境优先"在我国只是一句响亮的口号，并未带来根本性的改革，这可以从近年来的气候变化上得到验证。

理论只有与实践相结合，才能得到真正的发展，纸上谈兵是没有意义的。生态经济学顺应了时代的潮流，还需要用武之地。而主体功能区政策的出台，反映了我国政府从根本上解决生态保护和经济发展之间的矛盾的决心，正是生态经济学大展宏图的领域。

2006年，"十一五"规划纲要中提出将国土空间划分为四类主体功能区；2007年党的十七大报告部署了推进形成主体功能区的战略任务；2010年年底，国务院颁发了第一部全国性的空间开发规划《全国主体功能区规划》；2011年年初，"十二五"规划纲要标志着主体功能区已从规划编制阶段进入实施阶段。新中国成立以来，虽然我国也实行过多种区域规划，将某些地区划入生态功能区，使之承担维护生态安全的任务，而且取得了一定的成绩，但总体看来收效却不显著，因为生态功能区只是一种临时性、地区性、有单一功能的政策性区划，并未全面考虑整个生态经济系统内部各要素之间的普遍联系。

主体功能区是立足于我国国情，放眼未来，在充分借鉴其他国家地区发展的经验教训基础上提出的一个全局性、战略性的国策，将全国地区都纳入统一的规划中。对全国不同主体功能区的划分，意味着各个地区开始承担不同的发展任务，有了各自的目标和发展方式。这是对传统发展理念的挑战，短短几年时间，主体功能区已成为区域经济研究领域最热门的焦点之一。发展战略的提出和全方位的政策制定需要深厚的理论体系做基础，而生态经济学的很多重要理论都在主体功能区中得到了体现。但是，现有的关于主体功能区的研究大都还停留在认识层面上，很少涉及生态经济学理论基础。因此，本书从生态经济学理论中适于指导主体功能区建设的理论着眼，致力于搭建生态经济学学科和主体功能区建设之间的桥梁，填补该领域的空白，使二者紧密结合，互相促进。

1.2 国内外研究现状

1.2.1 主体功能区的研究现状

1.2.1.1 国外研究现状

主体功能区规划是针对我国具体国情和发展现状，依照科学发展观，结合对未来区域格局发展的判断，对我国国土进行的全国性区域发展空间区划，具有空间管制意义和现实的适用性。国外没有主体功能区的研究成果，对我国主体功能区规划的论述也非常少。但是主体功能区规划目的在于形成合理有序的空间结构、规范空间开发秩序、实施差异化区域政策以促进区域协调发展，属于区域（空间区域）规划的范畴，与国外部分国家的区域规划指导思想具有一定的相似性。主体功能区理论的思想来源于区域规划理论，借鉴了一些国家尤其是大国区域规划和区域发展方面有益的理念。因此，在创造性地提出主体功能区规划构想的同时，应充分借鉴国外区域规划的理论方法和实践经验。

尽管不同国家对区域开发和规划的定义名称各不相同，有的称空间规划，有的称国土规划，但是目标大同小异，都是对特定区域内经济社会发展的整体性协调管理。区域规划具有多维和开放的视野，注重地域发展的整体性、协调性和战略性，能够指导空间发展的全局。

西方区域规划的思想起源于古希腊和古罗马时期，从城市规划理念发展起来，作为古希腊的首都，雅典曾有十分完善的城市规划布局。现代意义上的区域规划始于 19 世纪中期以后，以 1898 年霍华德"田园城市理论"① 的提出为标志，至今已有一个多世纪的发展，经历了萌芽、发展、衰落以及复兴四个阶段。

西方现代区域规划的萌芽阶段：20 世纪初至第二次世界大战前。19 世纪中期掀起的工业革命推动了人类历史上首次大规模的城市化运动，导致了城市环境污染、区域发展差距扩大等问

---

① 埃比尼泽·霍华德. 明日的田园城市［M］. 北京：商务印书馆，2000：17–25.

题。19 世纪末西方国家展开了城市环境改良运动，比较有代表性的如德国鲁尔区 1920 年《居民点总体规划》、英国 1922 ～ 1933 年的煤矿区区域规划。Perer Hall（2002）将这一时期的区域规划思想家分为英美派（Anglo-American group）和欧洲大陆派（Continental European group）。前者主要代表有霍华德的"田园城市"理论、芒福德（Lewis Mumford）《城市文化》（*The Culture of Cities*）和《城市—区域整体论》（*Regional Integration*）等；后者以 E. 沙里宁（Eero Saatinen）的《城市：它的发展、衰败与未来》（*The City：Its Growth，Its Decay，Its Future*）及 L. 柯布西耶（*Le Corbusier*）的《明日的城市》（*The City of Tomorrow*）和《阳光城》（*The Radiant City*）为代表。早期区域规划思想主要针对城市扩张、人口激增、环境恶化等问题，注重功能设计，体现了现代形象美学及激进的建设全新城市的设想，被尼格尔·泰勒（2006）称为"乌托邦式的综合规划"。

西方现代区域规划的繁荣阶段：第二次世界大战前后至 20 世纪 70 年代，系统论的引入成为区域规划走向成熟的标志。以城市为核心，将城市与周边地区融为一体进行整体规划，对缓解城市无序扩张所产生的"城市病"起到了积极作用。第二次世界大战后，战争的重创使以城市为核心的区域规划进入旺盛时期。西方区域规划理论和规划立法逐渐完善。中心地理论、城市体系理论、区域间空间组织理论（极化—涓滴效应学说、中心—外围理论）、城市—区域关系理论（增长极理论、空间扩散理论等）形成了一整套理论体系。这一时期的空间规划研究关注于围绕着增长极制定针对性的政策，拉动经济恢复和区域结构调整，注重经济增长和资源利用率，苏联国土规划、泰晤士河流域整治规划、1944 年大伦敦区域规划、联邦德国国土整治纲要和州级的空间规划为代表的工业区建设是地区发展的主要战略。同时，系统论思想在 20 世纪 60 年代的兴起和地理学数量革命，使传统的空间规划理念得到重新审视。Geddes 的"调查—分析—规划"（Survey-Analysis-Planning，SAP）模型，构造和规范了区域规划的过程和步骤，即首先明确规划的目标，考虑备选规划方案和政策，然后开展评估，选出最优方案，接着是规划实施，跟踪研究实施效果，最后对结果进行反馈和修正，奠定了理性规划过程模型的基本框架。

西方现代区域规划的停滞阶段：20 世纪 80 年代。20 世纪 70 年代中后期的"滞胀"导致了推崇国家干预的凯恩斯主义的终结。以中央政府为主导的全国性区域规划受到了抑制，但自下而上的地方规划较为盛行，"后现代主义"区域和城市规划大量吸收政治、文化、社会、制度、生态、环境等要素，从各方面改造了第二次世界大战后注重物质形体和功能主义至上的规划思想①。随着可持续发展理念的提出，区域规划中社会因素和生态因素越来越受到重视，生态最佳化成为新方向。例如，日本1987 年制订第四次全国综合开发计划，提出构建多极分散型的国土开发框架，建设舒适、开放的安居社会，建立优质安定的国土。荷兰 1985 年第四次空间规划强调环保、公众参与以及地区可持续和平衡发展，提出加速国际运输与物流和生产服务业的发展以缓解失业问题，并重视全球化影响下本土行动的问题。

西方现代区域规划的复兴期：20 世纪 90 年代至今。区域在

---

① 方澜，于涛方，钱欣. 战后西方城市规划理论的流变［J］. 城市问题，2002（1）：10－13.

经济全球化中的地位开始提升，地区间的竞争加剧，西方国家兴起了新一轮的区域规划热潮，政府强化了干预经济的力度。区域规划成为各国协调社会、经济、生活的先进形式和发挥竞争优势的手段①。目前，西方区域规划的主流思想是多元目标、多极化的大都市地区规划和跨国、跨区域的区域一体化，目的在于协调、整合区域整体利益，实现可持续发展。而经济全球化、环境保护和区域平衡发展也逐渐融入空间规划的新目标。荷兰2000年第五次区域规划、爱尔兰2002年区域规划，充分代表了新时期区域规划的发展趋势，表现在规划职能的重新分配、规划体系的协调和整合、突出对环境问题的考虑和增强规划灵活性等方面。

目前，国外区域规划总体上呈现出如下趋势：

（1）社会发展、生活质量的提高和生态环境的改善取代了单纯的发展生产力目标，成为规划的主导思想，甚至上升为规划的首要目标。美国区域规划协会指出的"3E"（经济Economy、环境Environment、公平Equity）成为区域竞争力强弱的评判标准。

（2）为了适应日益加快的全球化、信息化和网络化要求，具备更大的应变性，防范各种复杂、风险境况，西方区域规划的目标导向由单目标的经济建设规划逐渐向弹性的综合区域发展规划转变。

（3）规划的"核心问题"凸显，要求充分考虑不同地区特点、不同时代背景和环境，力戒做到面面俱到、"大而全小而全"的情况，以提高规划的编制效率与实施效果。

---

① 张京祥，殷洁，何建颐. 全球化世纪的城市密集地区发展与规划［M］. 北京：中国建筑工业出版社，2008.

（4）对资源的可持续开发与利用成为区域规划的重要内容之一。主要国家面对日趋严峻的资源与环境约束，普遍确立了可持续发展战略。发展生态经济、建立人与环境和谐发展的生态友好型社会成为主流。

通过对国外区域规划相关理论和实践的梳理可以看到，西方发达国家已经形成了完善的区域规划体系，对优化区域结构、促进地区经济和社会整体的协调发展起到了积极的作用。从中我们可以得到以下启发：

首先，从区域政策较完善国家的成功经验来看，科学合理的区域划分对区域政策的实施起到有的放矢的重要作用。区域类型的定位和功能是一个不断调整的过程，对不同阶段、不同类型的问题区域进行划分并采取相应的区域管治措施，加强区域政策实施的针对性，可以显著提高政策效果。因此，区域规划的理念要与时俱进。

其次，作为一项公共政策，区域规划是各国政府进行社会管理、提供公共服务的重要依据。规划内容涉及环境保护、资源利用、区域平衡发展以及基础设施布局等多方面，政府需要借助各种手段来落实，而有法可依是一个必要条件。国际区域规划的理论和实践发展史即体现在相应区域规划法规和国家扶持政策之中。

再其次，区域规划是多层级的，各国行之有效的区域规划都是一个规划体系，大多与从全国到地方的行政层级相对应，便于编制和实施。同时，在各层级的规划中，由于分工和重点不同，为了增加公信力和权威性，减少冲突，达到预定目标，应当明确的界定不同类型规划的定位、内容和作用。

最后，区域发展不平衡的普遍性和长期性，需要政府通过有意识的政策扶持来纠正，为欠发达地区提供公平的发展机会，促进国家和社会的全面提高。国外普遍对资源环境承载能力弱的落后地区采取积极的政策，如加快资源流动速度，促进人才和人口交流，结合地域比较优势适度开发，实现基本公共服务均等化。

1.2.1.2 国内研究现状

改革开放以前，我国各经济区域之间缺乏密切联系，经济区域与行政区域的划分几乎完全一致，区域经济发展带有明显的计划经济烙印。改革开放以后，我国实行了倾斜的梯度发展战略，导致区域经济差距不断扩大。为了解决区域发展问题，促进区域协调可持续发展，国家"十一五"规划纲要借鉴国际经验，并针对我国区域发展的现状和需求最先提出了主体功能区的概念。主体功能区建设是按照资源环境承载能力、现有开发密度和发展潜力对区域进行划分，使各功能区域间协调互补，并合理构建空间格局和产业布局，因地制宜的发展，形成主体功能突出、发展导向明确、环境质量改善、经济与社会和环境协调发展格局的区域发展战略。

目前，理论界对主体功能区的研究主要有以下几个方面：

（1）对主体功能区的认识。主体功能区政策的提出是旨在通过科学方法解决区域问题的一个创新之举，标志着我国区域发展战略的实质性转变，因此也要求政府政策模式随之转变。主体功能区建设加强了各经济区域及生态区域之间的联系，能够有效发挥区域协调功能，有利于缩小区域发展的差距，实现经济长远发展。推动形成主体功能区，对于加快转变经济发展方式、加大经济结构调整力度、促进经济社会和人口资源环境相协调、逐步实现各地区基本公共服务均等化、最终实现共同富裕，具有重要意义。

邓玲（2005）在党的十六届五中全会召开之后，发表了第一篇以"主体功能区"为题的学术论文《加快主体功能区建设是促进四川省区域协调发展的重要战略举措》，结合四川省省情，提出对主体功能区划建设的功能、关键和重点的理解①。陈秀山和张若（2006）总结了主体功能区规划构想与操作的争论，对规划构想实现路径的操作手段进行了研究。张可云（2007）借鉴外国经验，对主体功能区划分与管理的操作问题，提出了通过立法成立区域协调委员会的近期与区域管理委员会的远期管理办法，指出主体功能区规划是实现生态文明的工具，后者是前者的目标，并探讨了主体功能区的操作问题与解决办法。曾培炎（2008）指出，编制主体功能区规划的主要目的，是以尽可能少的资源消耗、尽可能小的环境代价，实现区域经济社会协调发展。邓玲（2006）分析了同质化政府管理引发的区域发展的不协调现象，提出促进区域协调发展的政策建议，认为通过主体功能区划，对区域施加主体功能限制，有助于克服传统行政区经济运行带来的弊端，有助于促进区域协调发展。朱传耿等（2006）阐述了主体功能区内涵和我国主体功能区划的大致框架，认为主体功能区在区域定位方法、区域发展衡量、区域可持续发展、区域协调发展等方面，丰富和发展了区域发展理论。姜安印（2007）认为主体功能区对区域发展实践的影响就是在空间结构极化情况下的重构。韩学丽（2009）分析了主体功能区建设对

---

① 邓玲. 加快主体功能区建设是促进四川区域协调发展的重要战略举措［N］. 四川日报，2005 - 12 - 11（7）.

区域发展的积极影响。魏立桥（2008）论证了主体功能区规划在我国区域规划和生产力布局中的地位和作用。张杏梅（2008）指出主体功能区建设是促进我国区域协调发展的重要途径。卢中原（2008）认为主体功能区规划建设给西部开发带来新的机遇和挑战。林建华（2009）认为，主体功能区建设是西部生态环境重建的新模式。陈栋生（2011）指出要把主体功能区战略作为中部地区崛起的着力点。

但是也有学者对主体功能区与区域经济的相互作用提出质疑。例如，董力三（2009）指出主体功能区建设与区域发展之间还存在一些矛盾，有待在主体功能区建设过程中逐步解决。薄文广和安虎森（2011）指出当前我国区际发展不协调程度呈现扩大趋势，广义的区域不协调程度远超过狭义的区域不协调程度。并且区域经济的发展水平与主体功能区的开发顺序和开发重点形成了相互促进的同向递增关系。主体功能区的划分标准不够严谨，加上相关配套政策和措施的不完善，主体功能区建设短时期内不会缩小，反而可能会加大我国本已不小的区际发展差距。

学者们从多角度对主体功能区总体建设提出指导和建议。朱传耿阐释了地域主体功能区划的科学属性、基本特征和理论基础，探讨了地域主体功能区划的方法论，并进行了实证研究。樊杰（2007）首次提出了区域发展的空间均衡模型，认为标识任何区域综合发展状态的人均水平值趋于大体相等。杜黎明（2006）构建了主体功能区划的概念模型，用数学语言对主体功能区划的意义和方法及不同主体功能区的建设重点进行了阐述。杨伟民（2008）阐述了我国国土开发的现状和问题，以及推进形成主体功能区的基本思路、目标原则和方向。高全成（2009）指出应把握国家划分主体功能区的机遇，调整陕西省产业布局。傅前瞻（2010）指出，推进主体功能区建设需要处理好各种关系，包括限制与发展、政府与市场、主体功能与其他功能、不同主体功能区之间、主体功能区规划与其他空间规划之间的复杂利益关系。

（2）主体功能区的划分。

第一，主体功能区划分的指导理论。宏观经济研究院国土地区所课题组（2006）初步构建了我国主体功能区划的理论框架，对主体功能区划的原则、层级和单元、标准和标准体系以及分类政策设计进行了探讨，并提出了开展主体功能区划工作的对策建议。袁朱（2007）对我国同类主体功能区划相关的各类区划研究理论，按照时间的沿革从三个方面进行了理论综述。并总结了国外有关主体功能区划分及其分类政策的研究与启示。李雯燕（2008）对地域主体功能区划的相关概念、理论基础、实践操作方法、研究现状、问题进行了分析，探讨未来研究的趋势，并指出主体功能区划分的理论基础包括地域分异理论、生态经济学理论、科学发展观、可持续发展理论以及空间有序性法则理论等，认为空间有序性法则是地域主体功能区划分的主旨。张明东（2009）总结了当前国内关于主体功能区划的理论研究、与主题规划的区别及联系、区划的空间尺度效应、国外经验借鉴、区划的方法论等基本问题的最新进展，指出了当前研究的薄弱环节和重点攻破方向。王振波（2007）等对地域主体功能区划理论进行了初步探索。朱传耿（2007）等对地域主体功能区划的理论基础进行了讨论，指出生态经济学、地域分异理论、区域空间结构理论和可持续发展理论是科学划分主体功能区的理论基础。樊杰（2007）认为，主体功能区划在空间结构各方面都是有序的，"因地制宜"和"空间结构的有序法则"是主体功能区划的科学基础。王振波（2007）等人提出，科学发展观背景下的可持续发展理论是主体功能区划的理论基础。张明东和陆玉麒（2009）总结了主体功能区划的基本理论基础，包括人地关系地域系统理论和区域发展空间结构理论，并在此基础上，构建相应的主体功能区划分指标因子体系。刘震（2007）提出了四个国土功能区的水土保持发展战略、工作目标、重点方向和考核指标等意见。

第二，主体功能区划分的方法和指标体系构建。划分方法是主体功能区相关理论讨论的热点。段学军等（2006）提出趋同性分析方法，并以江苏省空间功能区划分为例，应用三维魔方图分析法，对生态环境、资源和经济进行综合分类。刘传明（2008）提出组合评价与标准定位结合法，划分了湖北省主体功能区。李军杰（2006）提出一个划分指数的计算方法：划分指数＝现有开发密度/（资源环境承载能力×发展潜力）。中国地理学会于2007年2月在北京召开"主体功能区划的实践与理论方法研讨会"，会上学者们提出利用综合指标的分段特征来确定划分标准和"准则＋指标体系"的判别方法。朱传耿（2007）在构建经济社会发展数据库和地域基础图形数据库的基础上，分别进行地域经济社会综合潜力等级分区和生态环境约束性等级分区研究，采用聚类分析方法和空间叠置分析，形成了地域主体功能区划分的方案和划分图。王新涛（2007）设计了三类指标体系，综合运用计量模型和地理信息系统等技术手段和方法，形成了较为规范的主体功能区划分的方法。一些学者尝试运用定量、定性与 GIS 相结合的方法对省级层面的地区进行主体功能区划分。曹有挥（2007）等以 GIS 技术为支撑，采用梯阶推进分区方法，研究了安徽省沿江地区的主体功能区划分，将自然生态约束与经济社会开发支撑的互斥性矩阵分类和趋同性动态聚类相结合。张广海等（2007）运用状态空间法，划定了山东省主体功能区。朱高儒和董玉祥（2009）提出利用 GIS 空间分析进行次级分区，并通过三维魔方图聚类和政策强制性区域，探索面向村级单元实践的市域主体功能区划的方法。叶玉瑶等（2008）以生态功能分析为基本视角与切入点，探索性地提出了生态导向下的主体功能区划方法。陈仲常（2010）利用熵权法，拟定主体功能区划分的各项指标并且确定其权重，对重庆市的各个区域进行主体功能区的划分，对重庆市 40 个区县进行了综合评价。丁于思（2010）在建立主体功能区划分指标体系的基础上，采用基于 K-means 聚类和层次聚类的混合聚类方法，对湖南省 14 个地州市进行主体功能区划分，提出主体功能区的备选方案。傅鼎（2011）根据相对资源承载力研究方法，以全国作为参照区域计算了 2005～2008 年青岛市主要辖区相对自然资源承载力、相对经济资源承载力和综合承载力，对青岛市的主体功能区进行了区划。杨瑛（2011）选取可利用土地资源、可利用水资源等八个可度量指标，形成覆盖全县域国土空间综合评价的指数，运用指数评价法，提出主体功能区区划方案。宗跃光（2011）将英国 Pearce 教授的自然资本不能减少的强可持续发展生态阈值理论与主体功能区划分的生态评价技术相结合，以潜力—阻力模型为基础，首次通过构建可开发度指数（PDI）和四力模型，创建了一套主体功能区划分的综合指标体系。

对于指标体系的构建，研究者一般采用资源承载能力、开发密度和发展潜力作为一级指标，但是在二级指标即对一级指标进行描述的指标选取上，研究者们还没有形成一致的体系。对于指标体系的探讨与不同层级的主体功能区划分相结合，从不同层面覆盖了我国的各个省、市和地区。李军杰（2006）讨论了资源环境承载能力、现有开发密度和发展潜力三个概念相对于主体功能区划分的特定含义和彼此之间的关系。段学军（2005）初步探讨了省域空间开发功能区划的方法和指标体系。马仁锋（2011）等从省域层面对主体功能区的划分指标体系进行了探讨和推敲。市镇主体功能区划是对宏观层面主体功能区划的细划，王潜（2007）、张耀光（2011）等作了市域、县域层面的研究。另外，舒克盛（2010）等对自然区域的主体功能区划分进行了研究。

（3）主体功能区的规划。2010 年 12 月，国务院将我国首个全国性国土空间开发规划——《全国主体功能区规划》印发各省份和部门，要求尽快组织完成省级主体功能区规划编制工作。2011 年年初，"十二五"规划纲要专门对未来 5 年推进主体功能区建设的任务作了具体部署，标志着主体功能区已从规划编制进入到实施时期。

第一，主体功能区区域规划与其他规划的比较及联系。贾若祥（2007）指出应妥善处理国家级与省级主体功能区规划之间、主体功能区规划和其他规划之间、主体功能与非主体功能之间及行政区经济与经济区经济之间的关系。包晓雯（2008）从规划理念、规划内容和方法上，分析了主体功能区规划对城乡规划的影响。覃发超（2008）通过对主体功能区和土地利用分区的分区指标、内容和目的的关联分析，得出主体功能区是土地利用分区的宏观指导，土地利用分区是主体功能区的微观实现的结论，并指出土地利用分区的指标体系的选择，对于建立主体功能区规划指标体系框架有一定的借鉴意义。史育龙（2008）着重研究了土地利用规划、城乡规划和主体功能区规划三类规划在目标、任务、重点、实施、管理等方面的分工互补关系，提出了三类规划间协调衔接机制的基本框架。韩青（2011）从空间界限、功能定位、指标控制等角度揭示主体功能区规划与城市总体规划空间管制分区功能空间的相似性和差异性，并对两者进行解构与重组，尝试探索城市总体规划和主体功能区规划管制空间的耦合关系。钟海燕（2011）从分区目标、分区内容、分区指标和分区方法等方面分析了主体功能区和土地利用分区的关系，指出两者的协调应在战略层面实施，并提出将主体功能区成果应用于土地利用分区。

第二，主体功能区规划的指导理论及运行机制。樊杰（2007）对我国开展主体功能区规划的作用进行了研究和总结，指出主体功能区规划是突出以人为本、注重人与自然协调的国土空间开发布局总图，是引导全社会合理建设区域空间的行动指南。张可云（2007）提出要保证主体功能区建设目标的实现，就必须完善区域管理制度基础、与其他规划做好协调衔接和有规范的区域政策支持。陈德铭（2007）认为主体功能区规划是一种空间规划，是在我国区域发展总体战略背景下，对国土空间开发进行的战略性谋划。孙红玲（2008）主张将综合区竞争发展与类型区有序开发的特点结合起来，构建沿海帮助内地、生态

"受益区"与"贡献区"互补的泛珠三角、泛长三角和大环渤海"三大块"横向区域财政经济利益共同体，促进四类主体功能区的形成。李献波（2009）从对主体功能区建设中的行政主导下区域隔离发展现象的认识出发，剖析了政府与市场在区域中的作用机制，构建了主体功能区建设中的政府和市场双效运行机制，并以西安市未央区为例，在县域尺度范围内对双效运行机制的应用进行实例分析。冯更新（2009）认为构建主体功能区是实现区域协调发展总体战略目标的重要举措。孙鹏（2009）用新区域主义的发展理念和内涵来解读或考量我国的主体功能区规划，探讨新区域主义在区域发展、规划以及治理方面的主导思想。冷志明（2010）以湘鄂渝黔边区为例，提出省区交界地域的主体功能区建设在区域发展理念、管理模式和利益协调等多方面存在障碍，因此应遵循整体协调、自上而下、动态调整的原则来设计运行机制。张成军（2010）认为协同推进主体功能区和生态城市建设，引导人口向城镇集中，同时将城市经济活动控制在区域的资源环境承载力范围内，是化解资源环境承载力约束的重要途径。秦岭（2010）认为区域经济学中的中心外围理论、点轴开发理论等理论的主张和思想脉络都贯穿于主体功能区规划的整个过程，有较强的理论应用价值。安树伟（2010）认为主体功能区建设中的区域主体包括地方政府、居民、企业和非政府组织，良好的区域利益协调机制与实现途径应该包括协调目标、协调内容、协调主体（利益相关主体）、协调手段与途径、协调程序等。未来我国主体功能区建设中的区域利益协调模式应该是一种网络型的治理模式。张可云（2011）认为全国主体功能区规划的顺利实施需要财政转移支付、金融政策、生态补偿和干部考核指标等配套措施作为保障，还要进一步细化规划并制定具体有效的相关政策。母天学（2011）认为实施主体功能区战略涉及的利益群体错综复杂，公共事务管理协调的任务十分繁重，必须以开放的理念和多元的取向去重塑公共事务管理的协调机制。引入市场竞争机制是重塑城市主体功能区公共事务管理协调机制的必由之路。陈炼（2008）认为主体功能区各项目标、功能的顺利落实必须凭借生态系统的支持，并研究了主体功能区生态支持系统指标体系构建及支持能力评价。张晓瑞（2008）构建了区域主体功能区规划的"承载力—潜力—压力—阻力"模型，提出了计算区域空间开发所受合力的方法，得到了区域主体功能区的综合划分指数，解决了区域主体功能区规划中开发类和保护类的阈值确定问题，并将区域主体功能区规划模型和方法应用到京津地区的主体功能区地划分中。

第三，主体功能区规划的技术工具。林娜（2007）以成都市锦江区功能规划为例，就地理信息系统技术在主体功能区规划中的应用进行了探讨。着重论述了 GIS 技术在选择区划评价单元，区划数据存储、统计分析，区划指标项空间分析以及辅助区划界线划分中的应用。刘咏梅（2009）研究了数据库、模型库、空间分析以及空间多准则决策和元胞自动机等 3S 技术在主体功能区规划与土地利用管理衔接过程中的理论基础和实践应用，特别是对应用 3S 技术实现主体功能区宏观引导作用，发挥土地利用调控功能进行了系统分析。杨瑞霞（2009）认为指标体系和划分对象对省域国土空间的划分和规划，具有显著的空间特性，利用 GIS 技术建立规划支持系统，可以将数据管理、模型计算、区划和规划结果可视化显示集成在一起，为区划和规划提供技术支撑。并围绕河南省主体功能区划分和规划，对省级主体功能区规划支持系统数据库内容、功能系统进行了分析，研究开发了省级主体功能区规划支持系统。

第四，主体功能区的评价和绩效考核。杜黎明（2007）探索了推进形成主体功能区能力评估的主要领域，提出了在能力评估过渡期政府推进形成主体功能区的对策建议。程克群（2010）指出指标评价是主体功能区域划分的基础，指标确定的适宜性是划分主体功能区能否成功的关键。并以安徽省主体功能区划为实证，对四类主体功能区进行定位，具体设计了适宜安徽省省情的科学、实用的评价指标，并进行了指标归并和方案集成。石刚（2010）以省为主体功能区的划分单元，从资源、环境、经济三个角度选取统计指标，采用改进的功效系数法测算了我国 31 个省市自治区的承载力和承载压力，进而构建承压度指标作为主体功能区的划分指数。王倩（2007）认为主体功能区绩效评价的本质是对不同主体功能区域发展内涵、方向、路径的经济分析过程，体现了地域差异理论对绩效评价的理论指导。陈璋（2007）也认同地域差异理论作为绩效评价指导理论的观点，认为"十一五"规划纲要提出的主体功能区发展理念，以地区间存在差异为逻辑起点，并把这种差异作为地区功能定位以及未来发展的主要标准，从基本假设条件上彻底颠覆了我国传统的地方政府政绩考核体系。

（4）主体功能区的政策。主体功能区作为我国新时期一个区域发展的重要战略，带动了一整套相互政策的调整和探讨，相应地，主体功能区政策也成为理论界研究和争论的热点。

国家"十一五"规划纲要提出按照区域的主体功能定位来

调整完善分类政策和绩效评价，规范空间开发秩序，形成合理的空间开发结构。国家发展改革委宏观经济研究院国土地区研究所课题组在纲要关于主体功能区概念和界定的基础之上，进一步进行拓展、深入的研究，着力于构建关于主体功能区划分及其分类政策的理论和方法体系。杜黎明（2008）认为主体功能区配套政策，是政府推进引导市场形成主体功能区的关键。他阐述了主体功能区建设政策均衡研究的基本思路，初步构建了建设主体功能区政策的均衡分析框架，提出了促进主体功能区建设的对策建议，并对主体功能区建设政策的研究思路和研究过程中需要加以特别注意的几个问题进行了探讨。张杏梅（2007）从八个方面提出主体功能区建设的政策建议。孟召宜等（2007）指出，主体功能区管治具有目标上的多元统一性、政策与机制的配套性、手段与目标的一体性、主体的模糊性、层次上的多级交错性等管治特征；"双层制多中心"管理体制是其模式的基本架构，应注重政策的细化、扩充、对接与协调，实施主体功能区分级管治。司劲松（2008）认为需要充分发挥公共投资的作用，以促进不同区域实现其主体功能，保证规划的实施效果。杜平（2008）在对中国现代区域政策总体评价的基础上，讨论了区域发展战略及其政策的演化，分析了主体功能区政策体系与现行区域政策的主要区别。付承伟（2008）认为个人、企业、政府对主体功能区的规划与目标实现起着基础作用。主体功能区的政策组合要有利于明确地引导企业、个人活动，规范政府行为。侯晓丽（2008）认为主体功能区分类政策制定，既要满足主体功能区主体功能定位的需要，又要考虑实施过程中的可操作性和可调控性。梁小青（2009）从财政政策、产业政策、土地政策、人口政策、环境政策五个方面分析了目前区域政策在制定与执行中的主要问题，提出了适应主体功能区规划要求的区域政策的新取向。段七零（2010）总结四类主体功能区的不同政策诉求，给出现行区域政策与主体功能区诉求政策对接的建议。杨庆育（2011）认为分类政策和绩效考核是在重庆市主体功能区发展的核心和关键，完善规划体系可强化执行力是重要保障。

主体功能区政策中讨论最多的是财政政策。党的十七大报告提出，围绕推进基本公共服务均等化和主体功能区建设，完善公共财政体系。这是对以往推进公共服务均等化为目标的财政体系的完善，反映了按照不同发展功能区域，实施差别化财政政策的新思想。财税政策已成为推动我国主体功能区协调发展的一个重要政策工具和杠杆。周寅（2008）认为应从完善财政转移支付制度、科学地运用财政补偿机制、以基本公共服务均等化为目标，加大政府对基础领域投入、针对不同区域特征实施不同税收调节政策、制定合理的财政绩效评价指标体系五个方面推进主体功能区财政政策。孙健（2009）认为财政政策改革是实现主体功能区建设基本公共服务均等化的关键，主要内容包括财政制度纵向转移支付制度的改革，转而建立横向转移支付制度和转移支付监督制度。王卉彤（2008）在使用方式和范围上，讨论了协调搭配、有机配合财政政策和金融政策，为推进形成主体功能区构建一个目标明确、手段多样、现实可行的财政金融支持体系。贾康（2009）指出解决行政区和经济区域一体化发展问题，财政政策目标要与主体功能区的功能定位和发展要求相一致。于国安（2009）对山东省主体功能区建设的财政政策进行了研究。唐建华（2008）借鉴国外国土空间规划相关财政政策经验，提出财政政策在主体功能区建设中的目标和实施要点，指出了构建与我国主体功能区建设相适应的财政政策体系的要务。徐诗举（2011）认为日本针对经济发展过程中产生区域问题所采取的 6 次全国国土综合开发规划的财政政策值得我国借鉴。赵迎春（2011）从税收政策的角度研究我国主体功能区的协调发展。

此外，研究者们还从土地政策、环境政策、人口政策、交通政策等多个角度论述了我国主体功能区建设中政府应担当的职能和采取的政策。杜黎明（2009）阐述了主体功能区土地政策的内涵和功能，重点从宏观和微观两个层面，研究了主体功能区土地政策选择，以期为国家、省区市主体功能区规划提供参考。许根林（2009）指出主体功能区差别化土地政策要处理好中央与地方、保护土地资源与发展经济的关系，并符合不同类型主体功能区的定位要求。刘红（2010）借鉴发达国家的土地发展权交易制度，构建土地权益区域补偿机制。包振娟（2008）、程克群等（2011）以安徽省为案例，对其主要环境区域进行评价，从理论和实践方面阐述了各类功能区与环境的关系，并提出了构建适用安徽省主体功能区实施的环境政策体系基本思路及框架设计方案。郭培坤（2011）从环境政策目标、政策手段、政策保障三个层面构建了主体功能区环境政策体系框架。牛雄（2009）提出了主体功能区构建的差别化人口政策体系。欧阳慧（2008）研究了我国人口迁移面临的问题，并提出推进形成主体功能区的人口迁移政策。孙启鹏（2010）从综合交通结构优化的视角，分析了形成主体功能区与综合交通资源优化的关系。徐会（2008）、周丽旋（2010）、周民良（2012）等也做了相关的研究。

通过以上综述可以看到，国内主体功能区的研究者们专业领域极为广泛，涉及区域经济学、人口资源环境经济学、环境工程、生态学、地理学、管理学、伦理学、法律等，这说明主体功能区已成为一个研究热点，受到学界的普遍重视。这对该领域研究的发展具有极强的理论与现实意义。但是，由于该领域的研究还处于探索与讨论阶段，是一个全新的命题，所以研究成果支离破碎，并不系统全面，对理论或者实践来说都有待积累准备，有相当大的研究空间。

尽管各学者对主体功能区的定义、概念和内涵的理解有所不同，但对主体功能区的认识已经逐渐统一，即主体功能区旨在构建合理的区域空间格局，有利于促进协调的发展，是一种着眼于长远的区域发展战略，可以加速要素流动，因地制宜地发挥地区优势，明确地方发展方向和主体功能，规范开发秩序。

目前对于主体功能区划的研究相对充分。研究者试图从各自不同的领域为主体功能区划寻找理论基础，如可持续发展理论、地域分异理论、空间均衡理论、科学发展观、生态经济学理论、人地和谐理论、"点—轴系统"理论和系统论等，都与主体功能区思想有一定的联系和渊源。在划分方法方面，定性分析法、聚类分析法以及矩阵判断、叠加分析和缓冲分析法等，除了传统的区域划分方法，经济学、生态学、统计学、地理学、社会学等相关学科的研究方法以及 GIS、GPS 等先进的现代高科技手段也被逐渐借鉴和应用，使主体功能区的划分更科学、合理。但是对主体功能区规划的研究还存在较多空白领域，如对主体功能区建设理论体系构建、主体功能区的动态调整措施机制、主体功能区协调机制、国家和省级主体功能区规划模式比较、主体功能区规划与其他规划区划的协调方法、主体功能区规划方法、规划程序、规划成果审批程序、成果法律地位、规划实施保障体系和分类管理的政绩考核体系等尚没有系统深入的研究。政策方面，研究者主要谈及对主体功能区政策制定的重要性，呼吁政府的关注和对负责生态功能地区的政策倾斜，但政策的可行性、有效性还需探讨。

1.2.2　生态经济学的研究现状

1.2.2.1　国外研究现状

生态学和经济学来源于古希腊的同一个词根，但是在漫长的历史发展中，它们形成了各自的理论体系，几乎没有共同领域，直到 19 世纪圣西门（Henri Saint Simon）、马尔萨斯（T. R. Malthus）开始对生态和经济发展关系的研究有所探讨。而这两门学科的再次联合，主要是从 20 世纪开始的。德国生物学家海克尔（E. Haeckel）1866 年提出了生态学（Ecology）一词，1935 年英国生态学家坦斯利（A. G. Tansley）提出了生态系统（Ecosystem）概念，美国社会学家帕克和麦肯齐于 1924 年和 1926 年分别发表《人类社会研究的生态学方向》《人类生态学范畴》，主张把生态学的概念和原则应用于人类社会发展的研究。而就在近代生态学形成的时候，世界经济经历过三次产业革命，生产力得到空前的提高——20 世纪全世界的经济总量增加 30 多倍，2000 年一年的经济增长，超过了整个 19 世纪。但是传统工业化和城市化的迅猛发展，让全世界为之付出了惨重的代价，巨大的资源消耗、严重的环境污染、水土流失、土地沙漠化、气候变暖，导致了一系列恶性事件：1934 年席卷美国中部的黑风暴、1952 年伦敦烟雾事件、日本 20 世纪 50 年代到 70 年代因工业废气和废水排放超标而发生的十多起环境事件以及更多的极端气候灾害，世界性的人口、粮食、资源、能源、环境问题，向人类敲响了生态环境危及生存发展的警钟。因此，以西方生态马克思主义为代表的研究者们主张经济增长、社会发展与生态环境问题结合起来。可以说，生态经济学的产生，是生态学家、经济学家和哲学家、社会学家共同参与，将多门学术思想和方法相互融合的结果。

1962 年美国海洋生物学家莱切尔·卡逊（Rachel Carson）发表《寂静的春天》，描述了在美国由于滥用杀虫剂对生态环境的巨大破坏作用，揭示了工业发展与生态的利益冲突。1966 年，美国经济学家肯尼斯·鲍尔丁（Kenneth Boulding）发表了《未来宇宙飞船地球经济学》（*The Economics of the Coming Spaceship Earth*），他指出人类过去的经济可称为"牛仔经济"，但地球是一艘孤独的宇宙飞船，人口及经济的膨胀和增长将导致飞船因内耗而毁灭的结果。人类是生态系统中的一员，人类必须找到自己在生态系统循环中的位置，要减少生产和消费的流量，避免对自然资源的损害以维护自然资源的存量[1]。该文奠定了生态经济的思想基础，引起了世界的震动，人们开始反思传统经济学的局限性，把生态学和系统科学的内容引入经济学中。其后，鲍尔丁提出"生态经济学"的概念，强调运用市场经济机制控制人口，合理开发资源，调节消费品分配，防止污染，以国民生产总值衡

---

[1] Kenneth E. Boulding. The Economics of the Coming Spaceship Earth, in: H. Jarrett (Ed.) Environmental quality in a growing economy [M]. Resources for the Future/ Johns Hopkins University Press, Baltimore, 1966.

量人类福利指标等，并把这些问题作为生态经济学的研究内容，他被认为是生态经济学和循环经济理念的最早倡导者。

20 世纪七八十年代是全球生态经济问题的大辩论阶段。1972 年罗马俱乐部发表了研究报告《增长的极限》，第一次把生态环境与经济增长结合起来进行系统论证和定量模拟计算，并把经济增长所带来的矛盾和问题归结为人口增长、农业生产、资源消耗、工业投资和环境污染五种因素，认为工业化的结果必然造成对自然资源和生态环境的极度破坏，而只有零增长才能在世界范围内实现真正的经济均衡[①]。该报告引发了历时十年对世界发展前景的大争论，后人将争论者分为悲观派、乐观和中间派，但无论是悲观派的"增长极限论"还是乐观派的"没有极限的增长"都认为人类社会正面临着经济发展与生态环境的严重问题。生态经济学成为时代的要求，推动了联合国和国际社会对生态环境问题的极大关注。例如，1972 年瑞典召开的联合国人类环境会议，通过了《人类环境宣言》，将每年 6 月 5 日定为"世界环境日"；1973 年成立联合国环境规划署（QNEP）；1974 年国际人口与发展会议；1976 年世界生物圈保护网络建立；1979 年世界粮食安全会议，确定每年 10 月 16 日为"世界粮食日"；若干环境公约（如"湿地公约""海洋公约""保护地中海免受污染公约"）生效。

理论方面，1972 年英国爱德华·戈德·史密斯在《生存的蓝图》中提出了所谓"后工业社会"的基本方案，以达到设想的"平衡稳定的社会"。克拉克（Clark，1973）将资源保护理论建立在生物过程明确的动态数学模型基础上，与动态最优问题联

---

① 丹尼斯·米都斯. 增长的极限［M］. 李宝恒译. 辽宁：吉林人民出版社，1997：英文版序.

系起来，奠定了可更新资源管理的理论基础。美国的莱斯特·布朗、弗莱德·辛格和哈里森·布朗等人第一次从生产力角度把人类社会生产和生物圈的物质能量循环作为一个整体联系起来研究。1974年美国 J. 塞尼卡等人所著的第一部《环境经济学》问世。1976年日本坂本藤良所著的第一部《生态经济学》出版，标志着以生态经济问题为研究对象的新兴学科——生态经济学的诞生①。1979年，莱斯特·布朗率先提出环境上可持续发展的概念，并用于他所架构的生态经济。1981年罗马俱乐部第九个报告《关于财富和福利的对话》中指出"经济和生态是不可分割的整体"。

生态经济理论的发展促使可持续发展思想的形成。1981年，芮德尔（Riddell）的生态—经济均衡发展的概念框架为可持续发展奠定了基础。同年，莱斯特·布朗的《建立可持续发展的社会》一书，勾画了可持续发展理论的基本轮廓。1987年，布伦特兰夫人在世界环境与发展委员会的报告《我们共同的未来》中，正式提出"可持续发展"的概念："既满足当代人的需要，又不对后代人满足其需要的能力构成危害的发展"②。

1988年，国际生态经济学会（ISEE）成立，第二年《生态经济学》（Ecological Economics）杂志出版发行，标志着生态经济学的发展进入了新的阶段③。1992年，巴西里约热内卢联合国环境

---

① 迟维韵. 生态经济理论与方法 [M]. 北京：中国环境出版社 1990：5.
② 世界环境与发展委员会. 我们共同的未来 [M]. 北京：世界知识出版社，1989：19.
③ Turner K. , et al. Ecological Economics: paradigm or perspective [M]. In: vanden Bergh, J. , vander Straten, J. eds. Economy and Ecosystems in Change: Analytical and Historical Approaches. Edward Elgar, Cheltenham, 1997：25 –49.

与发展大会（UNCED），通过了《里约环境发展宣言》和《21世纪议程》，要求各国结合本国情况，制订 21 世纪议程行动计划，生态经济学由理论走向了实践。

这一阶段的重要进展表现在三方面。一是《生态经济学》创刊号中美国生态经济学家罗伯特·科斯坦扎（Costanza，1989）界定了生态经济学的概念和内容。二是关于生态经济价值理论的研究。20 世纪 80 年代奥德姆（Odum，1986）提出的能值价值理论以及能值分析方法成为这一阶段研究最重要的理论基础和分析工具。后来的研究者发展了他的理论和方法，例如，戴利和科布（Daly & Cobb，1990）提出可持续经济福利指数（ISEW）；科布（1995）等对 ISEW 进行修正得出真实进步指标（GPI）；雷斯（Rees，1992）提出的生态足迹是一种更直观综合的评价可持续发展状况的模型指标；以及绿色国内生总值（GGDP）和联合国统计局建立的新型国民经济核算体系——综合环境经济核体系（SEEA）。三是关于生态系统服务价值计算方法的研究。有代表性的是罗伯特·科斯坦扎（1997）等建立的生态系统服务价值评估指标体系，这一体系将全球的生态系统服务分为 17 个指标类型，将全球的生物圈分为 16 个生态系统类型，并对全球生态系统服务价值进行了定量计算①。

在实践方面，研究的重点主要集中在生态经济模型的研究，从系统管理和全球生命支撑系统的可持续性到自然资源和环境服务的可持续使用等，为分析可持续发展而按照不同的论题建立不同的模型框架，但由于生态—经济系统复杂而巨大的区域性差

---

① Costanza R. , et al. The value of the world's Ecosystem services and natural capital [J]. Nature, 1997 (387)：253 - 260.

异，迄今为止并没有建立一个被普遍接受和应用的理论模型①。

在半个世纪的时间里，生态经济学从诞生到兴起，呈现蓬勃发展的状态。它从一开始就具有国际性和长远性，肩负着从根本上增进人类福利并使之泽被后世的伟大使命，因此，生态经济学的发展表现出清晰的思路和轨迹。从其发展史来看，20世纪60年代末至70年代末，是生态经济学提出本学科主旨和研究问题的时期，此时生态经济学理论关注"人类发展困境"和生态平衡的重要性，强调用系统观点来看待生态系统与经济系统的联系和矛盾；20世纪80年代至90年代，生态经济学研究逐渐走向深入和成熟，焦点转向生态环境的容量与资源的承载力等具体领域，指导思想上强调生态系统与经济系统的协调发展；20世纪90年代至今，可持续发展战略与模式成为生态经济学的主要论调，生态经济学开始借鉴传统经济学的工具和方法，生态经济价值理论占据了研究的焦点领域，并逐渐影响和融入经济学的主流，近年来最重要的研究成果集中在生态经济分析的发展方面。

生态经济学研究呈现出以下趋势：宏观的指导理论上，从生态平衡论，拓展到可持续发展和相互协调论；应用和提出指导的产业，从第一产业拓展到第二、第三产业；区域范围，从生态村扩大到生态乡、生态县、生态市和生态省；研究领域和内容，从生态保护到生态恢复和地区生态建设；研究对象，从生产行为到消费行为研究、资源生态经济和区域生态经济研究。由此可以看出，生态经济学学科已慢慢壮大，在与时代相结合的发展中充实

---

① Roelof M. Boumans, Villa F., Coatanza R., et al. Non-spatial calibrations of a general unit model for ecosystem simulations [J]. Ecological Modeling, 2001 (146): 17 – 32.

了自己的学科体系，具有为生态经济形态的发育提供理论和方法的作用。由于在理论基础和分析方法上还不够完善，而且颠覆了传统经济学的很多成熟的理论，生态经济学在经济学中目前还处于非主流地位，但随着生态环境和经济发展前途问题的凸显，生态经济学的科学性和发展成果越来越受到世界的重视。当然，作为一门新兴的学科，生态经济学也有很多需要完善的地方。

1.2.2.2　国内研究现状

生态经济学的很多重要思想，如人与自然和谐相处、保护与合理利用自然资源等，在我国古代西周时期已有明确记载，而生态经济学学科的建立始于 1980 年，经济学家许涤新教授倡导的生态经济学会的建立。之后，生态经济问题座谈会正式提出和确立中国生态经济研究的任务和当前亟待解决的重大课题。1981年我国生态经济研究进入了一个新的阶段，标志是云南省生态经济研究会的成立。

国内关于生态经济学发展阶段的划分并不统一，一般认为20 世纪 80 年代中期至 90 年代中期是我国生态经济学理论体系不断完善的时期，建立了生态与经济必须协调发展的理论框架，在理论和管理、国际交流与合作等方面都开始了全方位的研究。这时的生态经济研究主要围绕系统、平衡和效益的角度进行，主张生态与经济双重存在，以经济为主导，生态为基础，积极的生态平衡和经济、社会三个效益相统一。许涤新《生态经济学》（1985）、姜学民等《生态经济学概论》（1985）初步提出了中国生态经济学的理论框架，并划分出部门生态经济学、理论生态经济学、专业生态经济学、地域生态经济学的学科体系。马传栋《生态经济学》（1986）、刘思华（1989）、马传栋《城市生态经济学》（1989）与《资源生态经济学》（1995）、姜学民等《生态经济学通论》（1993）、山西生态经济学会主编的生态经济学研究丛书、《走向 21 世纪的生态经济管理》（1997）等纷纷出版。

其后，我国的生态经济学与具体应用领域相结合，很多专业和部门生态经济学理论方面的论著出版，衍生出生态经济学的多个分支，如城市生态经济学、旅游生态经济学、资源生态经济学、企业生态经济学、环保产业研究，主要包括《森林生态经济问题研究》《土地生态经济学》《农业生态经济导论》《简明农业生态经济学》《农业生态经济学》《渔业生态经济学概论》《中国乡镇生态经济学》《生态经济统计研究》《企业生态环境学》《生态经济设计》等。王松霈（1997）总结认为，二十年来我国生态经济学研究的更多的工作是服务实践和指导实践。Tian Shi（2002）也对这一时期的中国生态经济学的理论体系进行了系统总结①。这些成果表明生态经济学逐渐发展成具有中国特色的体系，并可以用于指导我国的生态环境保护和经济的可持续发展政策。

20 世纪 90 年代以来，尤其是进入 21 世纪后，以《中国 21 世纪议程》为标志，我国的生态经济学研究开始关注可持续发展问题，并逐步国际研究方法接轨，应用西方生态经济价值理论，开展定量的和实证的研究。李金昌（1991）主持了自然资源价值核算，金鉴明（1994）主持了全国生态环境损失的货币计量，紧跟国际上研究方法的潮流，陈仲新等（2000）衡量中国的生

---

① Tian S. Ecological economics in China: Origins, dilemmas and Prospects [J]. Ecological Economies; 2002 (41): 5 – 20.

态系统的价值为 77834.48 亿元/年，徐中民等（1999）引入绿色国内生产净值的概念，用来衡量 1995 年张掖地区与水有关的生态环境损失。针对西部大开发，王洛林（2002）和丛林（2002）等对生态经济做了实证分析的研究，对实施生态建设和环境保护做了具体论述。叶峻（1999）等在《社会生态经济协同发展论——可持续发展战略创新》中，较完整地综合了以前各家的理论体系，把物质、能量、价值、信息相互协调为一个投入产出的整体转换系统，构成具有良好生态经济效益的生态经济再生产的理论系统。另外，还有蓝盛芳等《生态经济系统能值分析》（2002），徐中民《生态经济学理论方法与应用》（2003），樊万选《生态经济与可持续性》（2004），唐建荣等《生态经济学》（2005），胡宝青《区域生态经济学理论、方法与实践》（2005），刘思华《生态马克思主义经济学原理》（2007）等。

党的十七大报告提出，建设生态文明作为实现全面建设小康社会的五个奋斗目标之一，基本形成节约能源资源和保护生态环境的产业结构、增长方式、消费模式。生态文明的观念在全社会得到树立，为我们解决发展中的环境问题提供了理论和方法指导。中国生态经济学会与相关部门和地区联合，对生态农业问题研究、经济一体化趋势对我国生态经济的影响及生态安全、林区生态经济危困问题研究、山区生态经济开发与水土流失治理问题研究、黄土高原生态经济综合开发治理问题研究、少数民族地区生态经济开发问题研究、海洋渔业合理利用与保护自然资源问题研究、草原牧区生态经济合理经营以及城市生态经济、半干旱地区治理沙化、绿色食品开发和森林公园等问题进行了结合实际的学术研究。

虽然我国和国外的生态经济学几乎同时起步，但是我国的生态经济学研究在方法、深度和广度等方面都比国外落后一些。我国生态经济学尚未形成公认、统一的理论体系，生态经济学的教材和专著不多，且内容各有侧重。在实践应用方面，缺少详尽、实用的理论。主体功能区政策提出以后，多数学者都将生态经济学理论列为主体功能区划分、规划和建设的理论基础，但几乎没有对二者深层次关系的具体阐释。近年来特别是进入 21 世纪以后，国家对环境保护、生态经济、可持续发展等理念的倡导，使生态经济学的地位逐渐提高，得到较快的发展。总之，生态经济学方兴未艾，具有远大的发展前景。

第 *2* 章

主体功能区和生态经济学概述

2.1 主体功能区概述

2.1.1 主体功能区的提出

新中国成立以来，我国的区域发展战略经历了区域均衡发展、区域非均衡发展和区域非均衡协调发展三个阶段，具体情况如表2-1所示。

表2-1 新中国成立后我国区域发展战略演变

发展战略	时间	划分方式	重点建设区域	政策背景和评价
区域均衡发展	20世纪50年代末至60年代	沿海和内地"三线"经济带	内地工业国防建设"三线"地区	国防需要 调整工业布局，缩小了区域差距 促进了内地发展 违背经济原则，忽视地域分工 产业趋同、自成体系

发展战略	时间	划分方式	重点建设区域	政策背景和评价
区域非均衡发展	改革开放后"七五""八五""九五"时期	东、中、西"三带推进"产业布局"十大片划分法"	东部沿海地区	分步发展 吸引外资 东部沿海发展迅速 东、中、西部差距拉大
区域非均衡协调发展	20世纪90年代后	"七大经济区",新东、中、西三大地带,"四轮驱动"(西部、东北、中部、东部地区)	西部大开发 东北老工业基地 中部崛起	改革开放深化 区域内部合作、协调发展、扩大内需和生态保护等方面考虑 综合经济区区划

这三种区域发展战略的形成和实施都有其历史必然性,并且在特定的历史时期为我国的经济发展做出了重要贡献,但是随着改革开放的深化和可持续发展对区域分工、协调发展的要求越来越高,我国传统区域协调发展理论的缺陷及其导致的后果也就越来越严重。

首先,传统区域发展理论在指导思想上强调"发展才是硬道理",但其"发展"几乎等同于经济增长,同时,存在着潜在的区域"同质性"假设,即假定各行政区划内的区域经济在各方面都是相同的。由此产生出对区域经济发展绩效衡量的单一指标,更确切地说是对 GDP 崇拜,并最终导致了全国普遍存在的生态环境恶化和资源浪费问题。在区域同质性假定下,全国任何区域内都可以进行经济开发和相同的产业布局,长期以来,各个不同层面和级别的经济区域热衷于制度与政策竞争,围绕提高劳动生产率这一核心任务,锁定 GDP 增长和就业增加的目标,不惜牺牲民众福利和生态环境。其后果是严重而长远的：耕地减少，全国耕地总面积已逼近 18 亿亩耕地的生存底线；总体水污染状况难以控制，40% 的河流受到较为严重的污染；盲目超采地下水，出现了大面积地面沉降；过度开垦放牧荒漠化和水土流失；生物多样性急剧减少，环境污染事故高发，垃圾围城、"血铅事件"、酸雨、气候异常等。另外，我国正处于重化工业加速发展的时期，资源型产品的价格过低，大量资源被低价占用乃至浪费，高耗能行业在经济中比重过大，未来生态环境压力沉重。

其次，国土空间开发秩序混乱，缺少系统的空间治理方式，原有区域规划模式多是以地方政府为主导各自为战的无序开发。我国区域规划战略的历史上，虽然每个时期有都其针对性，但是缺乏稳定性和连续性，整体空间布局规划被长期忽视，形成了所谓"诸侯经济"。"诸侯经济"以行政区划为基础，表现为经济与行政权力相结合的，是在我国放权式改革中形成的一种具有封闭性、排他性和停滞性变态的经济形态（黄仁伟，1995）。这种模式割裂了区域发展的横向联系，使区际协调变得困难。由于在传统区域发展理论中，大多以行政区来划分区域，没有科学研究各地区不同的资源禀赋、经济基础和社会历史，许多地区不顾本地的资源承载力水平，盲目上马"两高一资"（高消耗、高污染、资源加工型）生产加工项目，导致区域发展方向趋同，功能定位混乱以及严重的恶性竞争。例如，在环境脆弱敏感地区大力发展重工业项目，在资源短缺地区发展高能耗产业，即使短时期和局部有一定的经济效益，长期的、整体区域性的代价还是得不偿失。为了能成功招商引资，通过行政手段，扭曲市场机制，不仅制约了本地区比较优势的发挥，也抑制了地区间的分工协调，加深了隔阂。区域层面的空间规划现在已成为我国规划体系中最为薄弱的环节。

作为上述传统区域发展模式的另一结果，是区域发展的不平衡，区域差距在不断扩大，这种差距除了表现为用经济增长衡量的差距，还表现为用社会基本公共服务来衡量标准的生活水平的巨大差距。1978～2010年我国省际人均GDP基尼系数由0.347上升到0.413，超过了基尼系数的公认警戒线。地区之间贫富差距的逐渐扩大，使不同地区的居民能享受到的公共服务存在巨大差异，中西部落后地区与东部沿海发达省份之间的地域歧视非常严重，成为引发区域矛盾的主要原因。同时，与物质文明的进步极为不对称的是精神文明意识的匮乏和幸福感的下降。

主体功能区是在对我国区域发展理论深刻反思的基础上提出来的。2006年，"十一五"规划纲要中提出将国土空间划分为优化开发、重点开发、限制开发和禁止开发四类主体功能区，并明确了主体功能区的范围、功能定位、发展方向和区域政策。2007年党的十七大报告部署了推进形成主体功能区、优化国土开发格局的战略任务，将其作为未来13年经济发展的一项重要任务。2010年年底，国务院颁发了新中国成立以来第一部全国性的空间开发规划，即《全国主体功能区规划》。2011年年初，"十二五"规划纲要再次提出要按照全国经济合理布局的要求，控制开发强度，规范开发秩序，形成高效协调可持续的国土空间开发格局，并对推进主体功能区建设的任务作了具体部署，标志着主体功能区已从规划编制进入实施时期。

2.1.2　主体功能区的概念

2.1.2.1　主体功能区的定义

"十一五"规划纲要提出："根据资源环境承载能力、现有开发密度和发展潜力，统筹考虑未来我国人口分布、经济布局、国土利用和城镇化格局，将国土空间划分为优化开发、重点开发、限制开发和禁止开发四类主体功能区，按照主体功能定位调整和完善区域政策及绩效评价，规范空间开发秩序，形成合理的空间开发结构。"并进一步对四类主体功能区界定为"优化开发区域是指土开发密度已经较高、资源环境承载能力开始减弱的区域。重点开发区域是指资源环境承载能力较强、经济和人口集聚条件较好的区域；限制开发区域是指资源环境承载能较弱、大规模集聚经济和人口条件不够好并关系到全国或较大区域范围生态安全的区域；禁止开发区域是指依法设立的各类自然保护区域"①（见图 2-1）。

（1）主体功能区的内涵解读。"功能区"是指承担了特定功能的区域。所谓"主体功能"是一个区域需要承担的主导职能和核心内容，定义了一个地区的空间属性和发展方向，如带动地区经济增长、产业结构升级、保护和恢复生态环境等。区域在主导功能以外，还有次要功能，即每个区域的功能是多元的、综合的。在主体功能区内部，开发活动围绕主体功能展开，而其他次要、辅助功能对主体功能的发挥起辅助作用。"区"是主体功能的承载者，也是主体功能区理论的研究对象和实践对象。主体功

---

① 国家发展改革委宏观经济研究院国土地区研究所课题组. 我国主体功能区划分及其分类政策初步研究 [J]. 宏观经济研究，2007（4）：3-10.

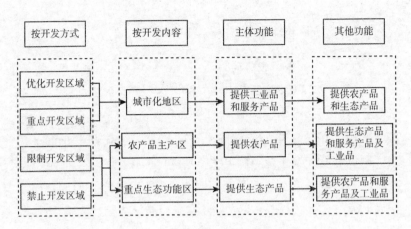

图 2 - 1 主体功能区分类及其功能

资料来源：《国务院关于印发全国主体功能区规划的通知》（2010）。

能区是一个空间范畴，是根据区域原有的发展基础、资源承载能力和在不同层次区域中的战略地位等来确定的。不同的功能区，根据其资源环境承载力的不同采用不同的开发方式和强度，这是我国国土空间开发指导思想上最大的进步。

根据主空间管理的要求和能力，体功能区的划分在空间上有不同的尺度，从国家、省、市（自治区）到地级市（州）、县或更小的区域（如乡、镇）为基本单元。另外，在已开展的主体功能区划分中，也并非拘泥于上述四类，而是可以根据不同区域范围的经济发展、资源环境状况制定的主体功能区类型，适当调整和细分。例如，北京市的功能区划分为城市功能拓展区、城市发展新区、生态涵养发展区、首都功能核心区；徐州市划分为优先开发区、重点开发区、适宜开发区、适度开发区、生态控制区、农业发展区；辽宁省海城市（县）划分为优化开发区、重点开发区、限制开发区、禁止开发区和宜居发展区五类，其共同点是，限制开发区和禁止开发区界限非常清晰，而重点开发区和优化开发区的范围则比较模糊。

主体功能区发展战略总的目标是促进我国经济发展方式的转变和可持续增长、缩小城乡区域差距、提高国际竞争力和实现区域的协调发展。这一总目标又表现在四个子目标上：第一，环境保护和资源节约。生态系统得到修复，稳定性增强，生态功能改善，废水、废气、固体废物排放量显著减少，单位 GDP 的能耗降低。第二，实现公共服务均等化。使限制开发区和禁止开发区居民的公共服务水平和生活条件得到明显改善，地区城乡间差距缩小。第三，经济保持较快增长速度的同时，做到可持续发展。第四，优化产业结构，并实现区域间的互补。优化开发和重点开发区域，成为以集聚现代经济和人口为主体功能，兼有提供生态产品功能的城镇化空间；限制开发和禁止开发区域，成为以提供生态产品为主体功能，兼有发展其他适宜经济功能的生态空间。

（2）主体功能区的特点。

第一，强调区域主体功能，具有导向性和层次性。主体功能区绝大多数区域的功能是复合性的，要素也是多元性的，突出了区域的主导功能和主导作用，区域未来的发展方向和目标必须符合主体功能的性质，但并不排斥一般功能、特殊功能、辅助功能和附属功能的存在和发展。同时，由于我国地域广阔，空间系统复杂多样，在空间结构上表现出层级交错的特点，因此对主体功能区的定位应充分考虑其层级因素。主体功能区的层级有国家级、省级、地州市级、县级和乡镇级。在上一层次中确定的主体功能区内，可能还存在其他主体功能区单元，例如，限制开发区虽然以生态安全和生态保护为重，但在区内选择少数经济发展基础较好的地区来集约式地重点开发，可以使不同功能相互补充和促进。而即使在重点开发区的内部，对于自然文化遗产等区域，也必须执行严格保护的政策。

第二，根据划分的尺度和所处的历史时期，兼有稳定性和动态性。主体功能区既是客观与主观的矛盾统一（形成与存在客观性及认识和划分的主观性），也是静态与动态的矛盾统一（区域环境决定了资源环境承载力、开发密度和发展潜力的稳定性，而自然条件和社会人文因素的变化，又使区域的主体功能和区域范围相应改变）。主体功能区的划分不是永久性的，由于新兴产业的发展，开发技术的提高，限制开发区、禁止开发区也有可能变成重点开发区；同样，如果地区的实际负荷超出了环境的承载能力，那么优先开发区和重点开发区也会被限制或禁止开发。因此，主体功能区时限性和阶段性十分突出，体现在规划分阶段的目标、任务和工作重点，和实施的有效期限，在从总体上完成了主体功能区规划后，还需要分别制定不同类型主体功能区规划。

第三，主体功能区理论和方法体系都具有综合性特征，涵盖了划分原则、标准、层级、单元、方案等内容。主体功能区承担一主多辅的功能，是对于经济、文化、自然、社会等因素的综合考虑。在设计过程中既要深入分析经济与社会发展潜力（包括资源承载力、经济发展力、集聚辐射力、社会支撑力和区位支持力、外部推动力），又要考虑现有开发密度、发展潜力等经济要素。同时，开发类功能区和保护类功能区之间，也必须通过市场机制合理分布空间区域的投资、技术，人口等各类要素，促进区域交流和协作。

2.1.2.2　主体功能区划与其他区划之比较

我国现代自然区域划分的研究，始于1930年发表的《中国气候区域论》，竺可桢先生评价了各种气候分类方法的优缺点，并依据气候与农业的关系，提出了适用于中国的分区标准。新中国成立以后，我国相继开展了一系列区划工作，20 世纪 90 年代以后还开展了功能区划研究。下面选取主要的区划与主体功能区进行分析比较。

（1）与行政区划的比较。行政区划是国家根据政治和行政管理的需要将其所管辖的地区做出的多级行政区的划分，在划分的区域内设置层次大小不一的国家机关进行管理。行政区划遵循政治、经济、民族、历史、自然原则，在区域范围内"人""地"两要素的基础上，综合考虑区划层次和行政管理效率的关系、区域经济结构的建构、各民族的利益、历史传统因素和自然地理条件，其中政治原则居于主导地位。与主体功能区划相比，行政区划的影响因素主要是行政管理、经济发展、民族分布、历史传承、风俗习惯等，为国家行政管理服务，划分方法则是在沿袭历史的基础上，以区域间经济发展和国家的行政管理的需要为依据。

（2）与经济区划的比较。根据某一时期区域的经济发展水平、目标、分工、社会劳动地区分布，对区域进行划分，加强区域内和区域间各类经济体的联系，使经济整体最优化，即经济区划，包括综合经济区划和部门经济区划。经济区划为确定国民经济的战略部署和区域性经济政策制定提供依据，是区域经济发展的宏观导向，如"十一五"规划提出将全国划分为东北、北部沿海、东部沿海、南部沿海、黄河中游、长江中游、大西南和大西北八个综合经济区。经济区划的方法有统计分类法、经济联系法和动力生产体系法等分析方法。在划分原则方面要注重经济中心与吸引范围、专业化与综合发展的结合、资源相关性、发展方向一致性、行政区界线的完整性以及经济区在整体区域分工中承担的任务。另外，地区经济现状要与地区远景发展相结合。与主体功能区的不同之处在于，经济区划主要考虑区域经济发展的现状和未来，多以城市圈为中心划分，全面分析市场经济对社会生产地域分工的影响，除了为政府的经济决策提供服务，也为企业增强竞争力，实现跨区域的扩张提供策略依据。

（3）与国土整治区划的比较。20 世纪 80 年代初，为了针对不同区域的资源环境特点，制定落实相应的综合规划，我国重点开展了国土开发、利用、治理、保护综合分区的国土整治区划，作为划分一级国土整治区的主要根据。国土整治区本质上是一种规划行动管理区，区划的主要工作是在详细调查的基础上为区域拟定自然条件、资源开发乃至区域生产力发展的总体方案，包括基础设施和生产力布局规划等，最后编制出区域规划总图。对于发展大规模商品生产总体协同发展方案的重大建设项目，则需另外开展专门研究。国土整治区须充分考虑地域完整性，将行政区划作为分区的基础，同时需要跟自然条件、自然资源结构和社会经济条件密切联系，具有相似性，其开发、治理和改造途径也应尽量保持一致。

（4）与农业区划的比较。农业区划目的在于实现农业合理布局，制定农业发展规划，它是按照农业地域分布规律，划分不同等级、不同类型的农业区域，是对农业空间分布的科学分类方法。1981 年，全国农业区划委员会将全国划分为东北农业区、内蒙古及长城沿线农牧林区、黄淮海农业区、黄土高原农林牧区、长江中下游农林养殖区、华南农林热作区、西南农林区、甘新农林区和青藏高原农牧林区 9 个一级农业区和 38 个二级农业区。

（5）与功能区的比较。功能区即承担了单一或综合特殊功能的区域。根据规划区域的不同层级，功能区也具有层次性，国家层面的功能区有国家级粮食主产区、自然保护区、高新技术产业开发区、经济开发区等；市级层面的如政府划出的工业区、居住区、商业区、生态功能区等。功能区的任务在于实施特殊的区域政策，解决区域发展不涉及大格局的特殊问题和需求，因此功能区建设具有明显的时效性。以珠海市为例，1999 年，为实施"经济功能区带动战略"而设立的临港工业区、万山海洋开发试验区、国家高新技术产业开发区、横琴岛经济技术开发区和珠海保税区五个产业功能区取得了很好的效果，但随着形势的变化和发展的需要，于 2004 年被取消。功能区按照其相应功能可分为农业功能区、土地功能区、生态环境功能区、水环境功能区、旅游功能区、海洋功能区等多种类型，如海洋功能区是根据海域的自然属性和区域发展需要，把海域划分为具有不同功能，利于开发利用，能发挥最佳效益的空间单元。随着可持续发展战略思想的提出，生态功能区建设也推广到全国。

生态功能区划根据区域生态环境要素，生态环境敏感性、人类活动的程度、生态服务功能空间分异的规律，将区域划分成不同的生态功能区的过程，功能是维护区域生态安全，保护区域生态环境，合理利用资源，为工农业布局规划和区域管理政策的制定提供依据。技术规程中，我国生态功能区体系又分为全国（生态大区、生态地区和生态区）、省级（生态区、生态亚区、生态功能区）和县级（生态功能区、生态功能小区）生态功能区划三个等级。

　　生态功能区划是在自然生态位序列、对区域生态因子间的相互作用、区域环境形成机制及区域分异规律进行分析的基础上提出的，除了可持续发展原则，还遵循区域相关性、相似性和共轭性原则。首先，生态功能区划旨在促进资源的合理开发利用，增强区域生态环境支持力，避免盲目建设和环境破坏，所以应根据区域生态存在的问题、生态服务功能、生态系统结构、生态环境敏感性来确定主导因子。其次，要从比本地区更大的空间范围，如从全省、全流域、全国甚至全球尺度来对区域生态环境的服务功能进行评价，故生态功能区的划分也要综合考虑相关地区的生态安全问题。再次，自然环境本身的差别和人类活动的影响，使区域生态系统结构存在相似性和差异性，而生态功能区划是根据区划指标来分区的，不同等级的区划单位有各自的一致性标准，因此这种一致性是相对的。最后，划分对象是具有独特性、空间上完整的自然区域，应避免功能区被分割的情况。边界确定需要考虑到利用山脉、河流等自然地形及行政边界，在不同级别的功能区划界时，要分别着重参考气候特征、地貌单元、生态系统过程完整性、生态服务功能一致性、生态环境敏感性等。由于生态管理更侧重于按生态单元而不是行政单元进行管理，因此应当保持"纵向沟通，横向扩展，圈层整合"的构架，以保证其活力和复合功能。

　　功能区建设曾对我国区域经济发展起了重要作用，部门功能区划是相应主体功能区划的基础，而后者又称为前者落实的重要载体和途径。生态功能区划从实践上为主体功能区划提供了依据和经验，二者都属于功能区划的范畴，是强化空间管制的手段，研究对象都是人与自然的关系。但是功能区与主体功能区本质上是不同的。功能区划缺乏对国民经济整体发展和空间布局全局的系统思考，因而不能从根本上规范空间开发秩序，缺乏前瞻性。当前我国开发无序导致了严重的空间结构失衡，如过度开垦放牧导致的水土流失和荒漠化、盲目建设导致的耕地锐减、地下水资源的枯竭、城乡居民生活水平差距过大、各种资源和大量人口的流动压力等。究其原因，一方面在于我国资源和人口分布不协调导致空间资源相对稀缺，另一方面在于没有确立承载力及空间经济社会运行均衡的理念。主体功能区划是空间规划和布局的新方向，也是促进区域协调的政策措施，它与功能区（主要是生态功能区）的不同可以用表 2-2 清晰地体现出来。

表 2-2　　　　主体功能区与（生态）功能区的比较

比较项	（生态）功能区	主体功能区
划分依据	特定时期内区域发展的临时性需求	资源环境承载力、开发密度、开发潜力
目标	解决特定问题	经济社会及资源环境承载能力的协调
功能及定位	承担某一项或某几项功能 生态环境的保护和建设 以保护区域生态环境功能为主导 作用单一	承担某类主体功能 区域的合理开发 统筹区域内、区域间协调发展 范围更广、作用力更强
政策保障	手段相对单一 是部分区域政策的焦点	综合运用经济、人口、财政等政策手段 是所有区域政策的焦点
涉及区域	单独的区域	有赖于各主体功能区通力合作

比较项	（生态）功能区	主体功能区
性质	专项规划	综合性规划 考虑区域自然因素及社会经济属性
评价	缺乏前瞻性、系统性思考	具有前瞻性、系统性和时代性

　　科学合理的区域划分是区域规划、建设和管理的前提和基础。主体功能区划的多元综合性和主体功能性使其划分兼顾自然、经济、社会各方面，既反映出发展的现状，也要反映发展的潜力和限制因素，强调通过主体功能的确定、塑造和强化，统筹区域发展。主体功能定位可以规范地方政府行为，促进行政的科学化、民主化和法制化，提高区域政策的有效性和针对性，实现产业政策区域化和区域政策产业化。

　　出于本书的需要，笔者这里专门分析一下主体功能区划与主体功能区规划的联系和区别。总的来说，二者都是指导区域经济社会发展的依据，主体功能区划是主体功能区规划的基础，前者是基于发展现状对区域的划分，后者则是在区划基础上对区域未来发展的战略部署。因此，二者有承接的先后顺序。从功能定位上来说，主体生态功能区划是根据相应的指标，按照一定原则，将区域进行划分；而主体功能区规划则是在此基础上，明确区域主体功能的方向和目标，并提出措施和策略。从约束力上看，主体功能区划的约束性更强，因为其划分的依据具有很强的客观性；而主体功能区规划则需要适度的弹性。从空间范围上看，主体功能区划具有排他性，是对整个区域的划分；而主体功能区的规划则未必定涉及区域的任何角落，且同一区域可能具有多重功能。

最后，从时间范围上看，主体功能区划时期相对较短，而主体功能区规划通常有明确的目标年限，有近期规划和远景规划之分。

2.1.2.3　不同类型主体功能区的发展方向

优化开发区域是指国土开发密度已经较高，资源环境承载能力开始减弱的区域，也是提升区域竞争力的重要区域和人口经济密集区。这类地区通常区域竞争优势明显，发展基础较好，承载了大量的经济活动和人口，但是进一步发展受到环境容量的约束，产业结构优化升级和转变增长方式的压力比较大。从国家层次上看，优化开发区域包括了沿海经济核心区域珠江三角洲、长江三角洲、京津冀，以及中西部和东北地区开发密度较大的大城市和各种亟待产业转型的资源型城市。

基于这些特点，优化开发区的发展方向是：优化升级产业结构，由过去依靠高资源消耗、高污染和大量占用土地的生产方式向集约型经济增长方式转变，以提高增长质量和效益为重；发展循环经济，消除资源环境瓶颈的制约；提高竞争力和经济外向化水平，更深入地参与全球分工；发挥人力资本优势，增强区域的人口承载力；重点发展高科技、创新力强的知识产业和现代服务业，将资源开发型、劳动力密集型和技术成熟型产业逐渐向重点开发区转移，带动全国产业结构优化升级；限制低水平城市化和城市盲目扩张，整合城市群。

重点开发区域是指有一定经济基础，资源环境承载能力较强，发展潜力较大，集聚经济和人口条件较好的区域。重点开发区的作用在于拓展发展空间，减轻少数区域环境资源和人口压力。重点开发区一般具有较好的资源、环境条件和经济社会发展潜力，具有承接产业转移与人口集聚的条件和能力，对地区经济及社会发展具有支撑作用，但是在基础设施建设和全面发展的条件方面仍待改善。

重点开发区的主体功能定位和发展方向：发掘本区域的比较优势，优化资源配置，加强集聚效应和辐射能力，扩大经济规模；一方面从优化开发区承接资源开发、劳动密集型和技术成熟型产业，升级区域产业结构，另一方面吸纳并改造限制开发区、禁止开发区转移的产业和人口，成为和优化开发区共同支撑全国经济、人口的重要载体；对重点开发区的评价，应综合经济增长、生态保护、产业结构、工业化和城镇化水平、居民生活质量和城市竞争力的软实力等。

限制开发区域是指关系到国家或地区生态安全和农产品供给，生态环境脆弱，不适宜大规模开发、高度城镇化和深度工业化的区域，如重要水保护区、江河水系源头地区、自然灾害频发区等。限制开发区的发展战略转变是从根本上提高区域内人民生活水平的长远之计，并能从全局遏制生态环境恶化趋势。这种地区具有重要的生态保障功能，而经济社会发展水平低，资源环境承载能力已超过极限，导致自然条件退化变差，开发成本及开发后修复成本较高。

因此对于限制开发区，不能继续强调单纯的经济的增长，而是应给予政策支持，以生态修复为主，重在生态保护和农业发展优先的绩效评价，弱化经济增长、工业化和城镇化水平的评价，使之逐步成为省域乃至更大区域范围的生态屏障；对于区域内群众应有序外迁、适度安排，引导人口向重点开发区域和优化开发区域转移，缓解人与自然关系紧张的状况；实行点状集约开发，有选择地发展具有特色的优势产业。

　　禁止开发区是指依法设立的各类自然保护区域，是自然生态系统、自然景观、珍稀濒危野生动植物以及人文景观集中分布区，包括国家级和省级自然保护区、森林公园、地质公园、历史文化遗产、重点风景名胜区具有重要的生态功能或人文价值。"十一五"规划纲要中共列出国家级自然保护区 243 个（8944 公顷）、世界文化自然遗产 31 个、国家重点风景名胜区 187 个（927 公顷）、国家森林公园 565 个（1100 公顷）、国家地质公园138 个（48 公顷）。禁止开发区大多位于经济发展水平相对落后的中西部地区，虽然具有较好的旅游开发价值，但是在生态保护和当地居民生活脱贫致富之间常常存在尖锐矛盾。

　　禁止开发区的主体功能定位十分明确，即根据相关法律、政策实行强制性保护，遏制人为因素对自然生态系统的干扰，绩效评价以自然文化遗产保护和公共服务水平作为衡量标准；加强人口转移的力度，将区域内人口逐步转移到宜居地区，严禁各种不合理、破坏性的开发。但遵循保护第一原则的前提下，禁止开发区也可在一定范围内有限度地发展与功能相容的产业，如生态旅游等。

　　表 2 - 3 对四类主体功能区的特点和发展方向进行了对比。

表 2 - 3　　　　　　　　　主体功能区的发展方向

类型	资源环境承载力	现有开发密度	发展潜力	特　征	发展方向
优化开发区	减弱	高	较大	强大的经济密集区，较高的人口密集区	集约型内涵式发展，提高增长质量和效益，提升竞争力，带动区域经济社会发展

续表

类型	资源环境承载力	现有开发密度	发展潜力	特　征	发展方向
重点开发区	较强	较高	大	经济和人口集聚条件较好	推进新型工业化和城镇化，壮大经济规模，协调发展 承接产业和人口转移，支撑经济发展
限制开发区	较弱	中等	小	大规模集聚经济和人口条件不够好，关系全国或区域范围生态安全	适度开发，保障生态安全，生态功能修复、保护，促进人口迁移和扶贫开发
禁止开发区	弱	低	小	依法设立的自然保护区域	保护自然文化遗产和人文景观。依法强制性保护，严禁不符合主体功能的开发

2.1.3　主体功能区对区域经济的影响和重构

不同的区域之间有很大差异，往往不具有可比性，但是，处于同一经济发展阶段的区域，面临的问题却大致相同。按照区域经济发展水平的不同，可以将区域协调发展划分为初级、中级和高级三个阶段（见表 2-4）。

表 2-4　　　　　　　区域协调发展阶段划分

发展阶段	初　级	中　级	高　级
发展水平	经济落后、收入低下	具备一定基础、城市小有规模	较强的经济基础、文明程度较高
开放程度	区域间要素流动少	和外部联系较多、和相邻区域协调合作	外向型开放经济

续表

发展阶段	初　级	中　级	高　级
重点产业	农业和初级工业	增强支柱产业、鼓励投资新兴产业	科技产业、现代服务业
发展目标	因地制宜发展优势产业、扩大区域市场	促进规模经济、降低成本、拓展市场	区域内部和谐、人地关系良好、与外部区域良性共生

区域规划本质上是实践问题，所关注的焦点是社会发展中存在的各种问题，世界各国区域规划的目标都有着内在一致性。纵观几个区域规划较为成功的国家，如法国、德国、美国、日本等国，可以发现市场经济规律对资源要素配置起着决定性支配作用。但是市场经济在带来经济效率的同时，也产生了市场失灵的现象（外部性、公共物品特殊性、不完全竞争），而市场本身也有目标短期性、竞争盲目性、调节滞后性和范围局限性等弱点，并且会加剧不公平，由此导致了各种严重的区域发展问题：人类聚居空间扩张，生态空间减小，空间浪费；资源过度消耗，生物多样性消失、生态环境恶化；部分地区人口、经济过于集中，生活质量下降；区域差距扩大；区际缺少协调和合作，整体效益较低。

主体功能区的提出是对区域规划和发展理论的创新，把空间资源的有限性和差异性特征纳入研究视野，拓展了区域发展中"空间资源"的含义，升华了对空间资源功能互补性的认识，促进了以行政区的刚性约束为要义的区域管理理念转变，强化了区域管理的"广度"和"深度"。其对我国区域协调发展的影响表现在以下几个方面：

（1）主体功能区重构了我国的区域关系，形成各具特色、功能互补、共容式发展的良性区域分工格局。主体功能区划是国家统筹区域发展的典型体现。我国地域辽阔，资源分布不均，区域资源环境承载力、发展潜力、资源丰度差异都很大。各区域依据区域禀赋建立经济分工和生态分工的关系，是区域整合、长远发展的需要。差异化政绩考核体系的实施，将会推动区域共容式的协调发展。优化开发区的发展方向体现了主体功能区划理念的人文意识——提高增长质量和综合效益，优化和改善空间结构，防止经济过度集聚，将人的可持续发展放在首先考虑的位置。限制开发区和禁止开发区的任务则体现了主体功能区规划的生态环境保护理念——保障生态安全，使人与自然的关系走向和谐。在国家层面主体功能区标准的基础上，各省结合各地现实情况，确立省级层面标准。

（2）主体功能区优化区域生产力、人口和资源布局，提高区域经济一体化水平。主体功能区规划打破了行政区划的束缚，循序推进产业间的区际转移，是从宏观层面制定国民经济、社会发展战略和从微观层面布局项目、城镇和人口的依据和参考。优化开发区的区域经济成熟度、产业发育程度、生产要素配置水平都位于前列，生产力布局由初级增长极转变为点轴或网络模式，使经济增长的质量和效益趋于优化；重点开发区的各类发展指标一般处于中上水平，生产力布局的优化宜采用点轴模式并适时向高级模式转变，实现经济增长和人口集聚；限制开发区因生态环境脆弱，只适宜发展自然资源环境可承载的特色产业，实行点状初级模式开发，在内部重点区域进行增长极式的布局，以实现保护和开发的双重任务。在产业转移过程中，人口和资源布局也随之调整，伴随着工业化和城市化的进程，缓解了落后地区劳动就业压力以及经济发达区域劳动力不足等问题。

　　另外，主体功能区规划在编制方法上运用了大量的新技术手段，科学确定主体功能区划分的界限和范围。在全国范围内搜集、储存和分析了大量社会、经济、地理、自然方面的基础数据，并运用了 GPS、GIS 等新技术和以计算机作为主要工具的数学建模技术，通过定量分析，改变了以往区域规划定性研究为主的规划方法，更加接近区域实际情况。

　　（3）主体功能区服从于人与自然协调发展，推动可持续发展。从区域的划分上来看，各功能区的经济发展、生态环境与地理位置水平几乎互为因果关系，这种现象其被形象地称为"气象贫困"，即地理环境决定经济发展，气候生态环境好的地区经济发展水平也相应较高。例如，非洲可以作为典型的"气象贫困"的例子，同理，气候较好的西欧、北美等地则经济发达。我国自然保护区所在地及重要水源涵养地的生态环境通常很脆弱，一经开发便出现沙漠化、水土流失、石漠化等现象，经济发展水平低下甚至处于贫困线上，而且，在"循环累积因果关系"① 的作用下，地区之间发展的不平衡性就会加强而且呈递增之势我国在以往的发展中，对区域生态关注不够，有些区域生态脆弱，资源环境承载力低，生态功能被严重损害；有些区域经历长时期和高强度开发，突破了资源环境承载力的极限，导致生态破坏。主体功能区强调区域经济、生态和社会功能三位一体的空间均衡，把以

---

　　①　由著名经济学家缪尔达尔 1957 年提出，他认为，在一个动态的社会过程中，社会经济各因素之间存在着循环累积的因果关系。某一社会经济因素的变化，会引起另一社会经济因素的变化，这后一因素的变化，反过来又加强了前一个因素的那个变化，并导致社会经济过程沿着最初那个因素变化的方向发展，从而形成累积性的循环发展趋势。

人为本与珍爱自然、保护自然结合起来，既不违背自然规律，也不违背经济规律，在一定程度上引导和规范地区发展，有利于保护生态环境，改善人地关系。

（4）主体功能区促进区域公平发展，实现基本公共服务均等化，加强区域管理调控。以前，区域基本公共服务的主要提供者都是地方政府，而不同地方的基础条件和发展水平会导致发展成果和地方财政收入的巨大差异。因此，富足地区有能力为居民提供高质量的公共服务，而贫瘠落后的地区则无法避免财政缺口大、基础设施和公共服务供应不足的窘境。很多区域为了提高财政收入，甚至违背经济规律和自然规律，不惜牺牲生态环境盲目引进利润大的污染项目，导致区域生态退化，恶性循环。主体功能区的构建，打破了经济发展的阶梯式格局，从全国的角度来规划经济区域、保护区域等，保障不开发地区的财力也有了，实现共同发展和富裕，同时人口分布和经济发展相配套，解决了人口流动造成的时空上的发展不均衡问题。

另外，区域政策由统一制定管理向分类制定管理转变，并与分类制定的绩效评价相配合。不同区域的绩效评价在经济质量和效益、增长和效益及环境保护的评价方面各有侧重，评价指标多元化，是对区域管理评价指标体系的创新和挑战。

但是，也应看到，主体功能区划下的区域协调仍然存在难点，一是市场机制的极化效应、落后地区的发展成本加大、人口流动的"择优"选择有可能加大区域差异。二是发达地区出于自身利益有限制"外来人口"的动机，而迁移成本和意识形态因素问题使人口迁移存在困难。三是传统区域协调途径的失灵，行政区域之间的利益博弈不容易协调、管制。四是生态补偿机制和资源保护成本分担机制尚待完善。

2.2 生态经济学概述

2.2.1 生态经济学的概念

2.2.1.1 生态经济学定义

生态经济是 1966 年由美国经济学家 Kenneth Boulding 在《一门科学——生态经济学》中提出的，旨在摆脱现实社会面临的诸多困境的一种理念、一个目标和一条路径。之后，罗马俱乐部在 1981 年的报告《关于财富和福利的对话》中明确而具体地阐述，认为生态学是扩大的经济学的基础，这个新经济思想将生态学与经济学结合起来，"经济和生态是一个不可分割的总体，在生态遭到破坏的世界里，是不可能有福利和财富的。……一面创造财富，一面又大肆破坏自然财产的事业，只能创造出消极的价值或'被破坏'的价值，如果没有事先或同时发生的人的发展，就没有经济的发展"。可以说，生态经济学是在后工业社会人口爆炸、生态破坏、工业膨胀的条件下产生的。但是，"现代化要求的是综合的、全面的社会经济和天然环境的协调发展"①。

目前，生态经济学并没有完全统一的定义。Costanza（1989）认为："生态经济学是一门全面研究生态系统与经济系统之间关系的科学，这些关系是当今人类所面临的众多紧迫问题（如可持

---

① 陈岱孙. 中国经济百科全书［M］. 北京：中国经济出版社，1991.

续性、酸雨、全球变暖、物种消失、财富分配等）的根源……生态经济学既包括利用经济学方法研究经济活动对环境与生态的影响，也包括用新的方法研究生态系统与经济系统之间的联系"①。Costanza 等（1991）又将生态经济学定义为"可持续性的科学和管理"，生态经济学将人类经济系统视为更大的整体系统的一部分，其研究范围是经济部门与生态部门之间相互作用的整个网络②。Barbier 等（1994）认为生态经济学是解决单一学科不能胜任的经济—环境相互作用问题的一种新的分析方法或方法的综合。Faber 等（1996）认为生态经济学研究生态系统与经济活动之间的相互作用。Asafu-Adjaye（2000）认为生态经济学和自然资源经济学都是环境经济学的分支学科，但二者的区别是生态经济学除了研究资源的开发，还考虑社会和伦理问题，并强调对生态过程的研究。Martinez-Alier（2001）将生态经济学定义为"（不）可持续性的研究与评估"的科学，认为生态经济学不但包含新古典环境经济学和资源经济学，还包含对人类经济活动环境影响的物理评价③。我国学者对于生态经济的认识，也没有形成一致的看法。有的学者将生态经济定义为一种尊重生态原理和

---

① Costanza R. What is ecological economics ［J］. Ecological Economics, 1989, 1 (1): 1 –7.

② Costanza R. , Daly H. E. , Bartholomew J. A. Goals, agenda and policy recommendations for ecological economics ［A］. In: Costanza R ed. Ecological Economics: the Science and Management of Sustainability ［C］. NewYork: Columbia University Press, 1991.

③ Martinez-Alier J. , Munda G. , O'Neill J. Theories andmethods in ecological economics: a tentative classification ［A］. In: Cleveland C. J. , Stern D. I. , Costanza R. ed. The Economics of Nature and the Nature of Economics ［C］. Cheltenham: Edward Elgar, 2001: 34 –56.

经济规律的经济类型，强调把经济系统与生态系统的多种组成要素联系起来进行综合考虑与实施，有学者认为是生态系统与经济系统共同形成的复合系统，具有生态与经济的双重特性或是以生态建设为基础为目的的经济，包括生态农业、生态工业、生态信息业、生态旅游业、环境保护业等，还有的认为是一种可持续发展的经济形态，是经济的生态化，不一而足。

可以看出，生态经济学是研究生态经济问题的学科，而生态经济问题包括以下三个方面：

（1）生态非资源化。在传统经济学假设中，物品有经济物品和自由物品两类，前者是稀缺资源，使用钱必须缴费一定的费用，"费"即衡量物品稀缺程度的标志。而自由物品则被假设为取之不尽、用之不竭的，因而可以免费使用。但现在这种划分已不成立，自由物品正逐渐"经济物品化"，洁净的水需要付费，清新的空气也日益稀缺，生态资源变得有价甚至昂贵。而更普遍的问题是，即使对于有价格的资源，其定价也并未充分体现稀缺程度和真实价值。水价过低导致水资源的浪费，不合理的木材价格导致对森林的掠夺性砍伐，忽略生态代价的开采使矿山"从摇篮到坟墓"。

（2）经济逆生态化。历史上人类社会与自然界关系的发展经历了四个阶段：史前文明——"人不敌天"、农业文明——"天人合一"、工业文明——"人定胜天"、生态文明——"天人和谐"。经济逆生态化产生于农业文明，在工业文明中愈演愈烈，走向极端。工业文明的机械主义发展观，将人类推向自然的对立面，"对自然的否定，就是通往幸福之路"。虽然这种发展模式给人类带来了辉煌的经济成就，它的代价却也是惨重的，人口爆炸、资源枯竭、生态灾难接踵而至。究其原因，在于忽视了人是作为自然界的一部分而存在，自然资源供给能力是有限的，生态环境对经济发展的支撑能力也是有限的。

（3）生态与经济的对抗。人类社会的发展史就是生态保护与经济增长作为矛盾双方的斗争史，在双方"好""坏"与"快""慢"的排列组合中，同时满足生态保护"好"和经济增长"快"的发展模式是比较少见的，普遍存在着的是"快而不好""好而不快""既不快又不好"的情况。唯其如此，才更显现出生态经济学研究的必要。

综上分析，生态经济学是社会科学中的经济科学，以生态经济问题为导向探究生态经济系统运行规律，旨在实现生态与经济系统的良性互动和人与自然的和谐发展。

2.2.1.2　生态经济学的研究对象和基本范畴

生态经济学的出发点是古典经济学的总体观点，坚持生物物理观，以可持续发展为目标。其考察研究的客观实体是生态系统与经济系统耦合的有机统一体，即生态经济系统。马传栋（1986）对生态经济系统的解释具有代表性："生态经济系统是经济系统和生态系统结合而成的复合系统……构成生态经济系统的这两个子系统时时刻刻都存在着相互作用、相互影响和相互制约的关系。经济系统作用于生态系统的主要途径是通过人类劳动、科学技术和人类需求这三个环节进行的。"

在这一点上，国内外学者观点基本一致，但由于研究侧重点不同，在具体表述上也不尽相同。有学者认为生态经济学是从经济学的角度研究生态经济系统的，有的则认为是从生态学的角度；有的认为生态经济学研究的是经济系统与生态系统的对立统一关系；还有的认为，研究对象是生态经济系统的运动规律。目前，我国对于生态经济学的研究对象探讨有以下方面：人类经济活动和自然生态之间的关系；生态系统的经济方面；生态变化的社会经济因素；生态经济系统的矛盾运动。

范畴是反映事物本质属性和普遍联系的基本概念。刘思华1985年就指出了生态经济学的基本范畴："生态平衡和经济平衡以及两者的辩证统一即生态经济平衡，生态结构和经济结构以及两者的辩证统一即生态经济结构，生态目标和经济目标以及两者的辩证统一即生态经济目标等，这些都是生态经济学的基本范畴和基本概念。"[①] 并在刘思华（1989）中进一步完善了生态经济学基本范畴。一般认为，生态经济系统、生态经济平衡和生态经济效益是三个最基本的理论范畴。表2-5比较了生态经济学与传统经济学和传统生态学的基本特点。

表2-5　　生态经济学与传统经济学和传统生态学的比较

比较项目	传统经济学	传统生态学	生态经济学
基本世界观	机械式的，静态的	进化的，原子论的	动态的，系统的，进化的
时间范围	短期，周期最长50年	日至代，各分支学科有别	日至代，组合式
空间范围	地方—国际	地方—区域	地方—全球
生物物种	人	人以外之物种	包括人类的整个生态系统

<hr>

① 刘思华. 刘思华可持续经济文集［M］. 北京：中国财政经济出版社，2007.

比较项目	传统经济学	传统生态学	生态经济学
总目标	国家经济增长	物种生存	生态经济系统的永续性
个体目标	收益最大化或效用最大化	物种繁衍极大化	个体必须适应系统的总目标
对科技进步的态度	非常乐观	悲观或无意见	怀疑态度
研究重点	偏重计量工具	偏重技术与器材	偏重于问题的探讨

2.2.1.3 生态经济学的学科性质

生态经济学是一门边缘性、应用性的交叉学科，是生态学和经济学的综合理论。可以用图 2 - 2 来形象地表示生态经济学的学科性质，即生态学和经济学叠加后重叠的领域，但不能理解成二者简单机械地相加。

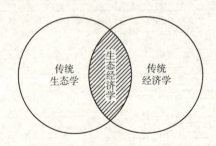

图 2 - 2　生态学、经济学及生态经济学的关系

由于生态经济学的研究对象即可持续发展问题已经逐渐成为经济发展的中心议题，它有可能超出边缘学科的局限，而对主流

经济学产生全面冲击。①

一位企业家曾对主流经济学的缺陷有深刻评价:"中央计划经济崩溃于不让价格表达经济学的真理,自由市场经济则可能崩溃于不让价格表达生态学的真理。"②

2.2.1.4 生态经济学的伦理观

社会伦理反映了人对人自身和社会本质的认识,它是社会科学的起点和归宿。生态经济学兴起于对传统经济学的反思和批判,倡导一种人与自然和谐相处的新型伦理(图2-2反映了生态经济学与传统经济学和传统生态学的关系)。传统经济学奉行"人是万物的主宰""当代人的最大福利就是人的最大福利""市场经济是达到目标的最有效手段",而生态经济学认为作为生态之网的一个环节,人的生存与发展依赖其完整性,约束人类的贪婪和人口的增长并保护、恢复健康的生态环境,是目前最重要的任务。它从生态学的视角来重新审视人类的经济活动,如资

---

① 1987年国际生态经济学会提出了生态经济学的研究领域:(1)我们怎样才能使经济学和生态学的模型更好地结合,以满足地区生物多样性、海洋渔业、全球气候服务等方面管理的需要?(2)怎样平衡个人、国家、人类代际间可持续发展的关系?(3)通过在传统经济指标(如GDP)中增加了生物物理的指标(如生态变化的印迹)和社会指标(如妇女受教育程度),我们能改变发展的方向吗?(4)生态和社会系统的哪些特性对发展起了限制作用,人造资本能在多大程度上替代自然资本?(5)政策怎样通过资本流动影响自然资源配置,怎样通过国家管理环境系统能力和福利分配来促进发展?(6)我们能在多大程度上计量出由生态系统提供的非市场化服务价值,我们怎样才能促进有关环境和社会价值的公众舆论?(7)怎样将可交易的环境许可证和环境债务系统与环境税收改革结合起来?这些问题几乎囊括了经济学的所有方面:研究方法、发展理论、国民经济核算、资本理论、福利分配、价值理论、政策设计。生态经济学即将甚至正在引发经济学一场新的生态主义革命。这次以全球生态危机为历史背景的革命,将生态价值和生态规律引入经济学,使经济运行机制的基础由以市场为主导转向市场和生态机制的共同作用。

② 石田.评西方生态经济学研究[J].生态经济,2002(1):46-48.

源配置必须服从生态学的要求，尊重每一个物种的社会经济价值。另外，生态经济学对人类社会的经济分析，充分反映了生态学的普遍联系和事物间相互依存制约的关系。

首先，生态经济学中的"人"不是抽象的理性人，而是感性生存着的"生态人"。经济发展的终极目的即人的感性的伦理生存。生态经济学考察的焦点在于经济发展对人的生存环境和状态的影响，认为经济发展导致的环境改变不能与人的生存相违背，而应该是人性化的。因此它主张经济规律要通过人的选择和评价，试图把将经济发展和人的生存、价值、伦理、实践、目的等都有机结合起来，并将合规律性与合目的性、真与善、科学与道德以及事实与价值统一起来，倡导了人本主义的、德行的发展观。

其次，生态经济学超越了经济人假设，回归到人的全面发展，关注人的非经济属性，面向人的存在本身。它通过以目的为基础的和以手段为基础的两种方式批判传统经济学的增长理论，用生物物理和道德批判传统经济学对自然的异化和对人的异化，在自然观层面走向生态经济观，而在伦理观层面走向人本主义的、德行的经济观。生态经济学认为人同时具有物质和精神的利益和需要，当然，自然界对人类而言也不仅仅具有物质价值，还有精神价值；发展不能狭隘地被理解为经济发展，而是物质和精神的全面发展；经济发展不是人的最终目的，而仅仅是一种手段，也不再是纯粹的物质活动过程，而是一种生存论意义上的伦理过程。

最后，生态经济学关于经济发展的道德理想和价值观变革——可持续性。生态经济学的一个重要伦理原则是经济发展不应该破坏生态系统的整体性，通过经济规模的无限扩张来满足人类需要的无限增加是不可行的。生态经济学主张适度的、可持续经济发展，因为人类文明发展对自然生态系统整体性具有绝对的依赖性，为了保护自然而限制人的物质和经济增长规模是一种善。另外，生态经济学认为经济发展应坚持节约与利他相统一的原则，呼吁把人的价值观建设放在核心地位，"稳态将减少对环境资源的需求，但增加对道德资源的需求"①。可持续性集中体现了生态经济学人文主义取向的发展观，延续人类的历史被看得至高无上，"不仅要考虑当代人的福利，还应顾及后代人的福利，以人类的福利总和最大化为目标。"

可以说，生态经济学倡导的是一种远距离的伦理（或者他人不在场的伦理），实现生态经济的关键在于人类自身内在道德境界的提升。人的内在利他主义道德境界和外在行为对他人的公平与正义，以及以他人的利益和需要来审视、限制自身的利益和需要是其根本途径。

2.2.2　生态经济学的基本理论和分析方法

2.2.2.1　生态经济学的基本理论

生态经济学体现了自然科学和社会科学走向综合，并进而成为统一科学体系的大趋势。生态经济学的基本理论包括：第一，生态、经济和技术系统在人类生产生活过程中的形成的相互关系和发挥的作用；第二，生态平衡与经济增长、自然规律与社会规律、生态功能与经济效益之间的在经济发展中地位和作用的权

---

① 赫尔曼·戴利，肯尼斯·汤森. 珍惜地球［M］. 范道丰译. 北京：商务印书馆，2001.

衡；第三，生态系统、经济系统内部和两系统之间能流、物流、价值流的循环；第四，生态平衡与社会经济制度的关系；第五，技术措施与生态系统的关系；第六，森林、草原、农业、水域和城市等主要生态经济系统的结构、功能、目标及生态经济综合效益模型；第七，防治环境污染、恢复生态平衡的投资效益分析；第八，生态经济学的学科体系及性质特征等。

生态经济学的应用研究包括：一是建立高效、低能、绿色的良性循环系统；二是建立以食物链原理和物质循环原理为基础的农、林、牧、渔综合发展的生态农业体系；三是对生态系统的结构、功能、目标进行效益评价；四是建立兼顾生态平衡和经济发展的决策机构，制定相关政策法规；五是根据国情选择适合我国应用的技术体系和技术政策；六是利用生态经济价值理论评估国际贸易中的冲突和纠纷等。

在半个世纪的发展中，生态经济学的研究范围在深化和推广中渗透到各个领域，但它的最基本的、最核心的理论只有一个，即生态与经济的协调。这一理论为生态经济学所有分支的建立提供基础，并赋予它们生态经济学的性质。生态与经济协调理论是生态经济学的核心，兼顾生态与经济两方面，体现了生态时代的基本特征，并通过人类利用自然又受制于自然、经济主导与生态基础制约促进、经济有效性与生态安全性兼容协调三条基本原则指导生态经济实践。

生态经济学已在系统观和系统目标、人类系统进化以及有活力技术进步等方面拓展了人们的认识。其今后的研究方向应该是生态经济制度安排、经济活动生态分析和生态服务经济分析。在生态经济系统内部，经济活动生态分析和生态服务经济分析两个相对的方向是使生态、经济系统耦合起来的纽带，而生态经济制度安排起着调控和平衡的作用。

2.2.2.2　生态经济学的方法论

规律是事物本身固有的运行机制，这种机制深藏于现象背后并支配现象。规律分为自然规律、社会规律和思维规律。作为一门起源于交叉领域的学科，生态经济学既遵循自然规律（如热力学第一定律、热力学第二定律、环境容量有限性法则等），又遵循经济规律（如供求规律、边际效用递减规律、边际报酬递减规律、资源稀缺性法则等），在此基础上它也形成了自身的一些规律（如生态经济协调发展规律、生态产业链规律、生态需求递增规律和生态价值增值规律等）。因此，生态经济学的方法论也不同于主流经济学，而是更加具有综合性、动态性和现实性，从某种意义上说，是对后者的颠覆和扬弃。

作为经济学的一支异端流派，生态经济学的研究涉及广义上的各种人类活动，在传统经济学生产、消费活动研究的基础上，还将生态、社会和伦理维度上的活动纳入研究范畴，其方法论更是囊括了新古典经济学、实验经济学、行为经济学、制度经济学、社会经济学等各家的分析方法。

（1）价值多元论。新古典经济学遵从价值一元论，20世纪中期之后，主流经济学奉行更为狭窄和单一的市场交换价值标准。但生态经济学家从立论前提下就否定了生态多样性假定偏好具有与市场商品的可比性并可以选择的逻辑，引入生态学、社会学、系统论的能值、熵值和生态占用等理论度量区域生态经济发展的总体水平。生态经济学提出了多维决策标准（Multi-Criteria Decision Aide，MCDA），这是典型的价值多元论观点，以效率、公正和稳定为评价标准，利用多样化的相关信息，进行更现实的评估，多样化标准间的替代、互补关系适用于多维度决策问题的权衡和评价。

（2）"生态人"假定。新古典经济学分析的起点是理性人假定，依赖理性主体模型。在涉及环境的价值时，用贴现率来估算未来生态收益和损失的大小，具有很大的局限性[①]。生态经济学吸收和借鉴了博弈论的个体真实行为的实验、行为金融学的主体决策前景理论和偏差性文化传导、凡勃伦的制度人假定、阿尔钦的"as-if"假定、西蒙的有限理性假定以及行为经济学等思想和方法，使其主体行为假定"生态人"以生态意识、生态良心和生态理性为内涵，并具有有限理性、满足物质利益和精神享受平衡和追求人与环境收益最大化特征。

（3）对边际分析的替代性方法。作为新古典经济学最一般化方法的边际分析法在应用于生态经济学时，却有明显的局限性，因为边际分析方法认为经济变迁是一种连续、渐进的不完全进化过程，而在生态经济学对推动经济系统和生物系统演化力量的理解却是随机、非边际的冲击，且生态多样性具有功能透明性（functional transparence）。因此，生态经济学选择了复杂适应性系统分析（complex adaptive system）和扩展的投入产出（expand input-output）模型，用来考察经济结构的大幅度变迁对生态经济系统的直接或间接影响。

（4）解决不确定性的路径。新古典综合中抛弃了凯恩斯的不确定理论，转而研究具有微观基础的、决定论式的宏观经济行

---

① Price C. Time, Discounting and Value ［M］. Cambridge, MA, Basil Blackwell, 1993.

为，决策理论大多直接指向结果的预期效用最大化，而很少顾及路径的最优化。虽然这种简化使一般均衡分析模型更易于处理，但也使得现实主义牺牲于形式主义。生态经济学家则认为不确定性的简化须遵循缜密性原则，并试图以现实为基础，从协同进化的角度建立概念框架。生态经济学的基本假设之一就是应该尽可能地将不确定性因子纳入研究框架和模型假设，建立最低安全标准来应对环境的不确定性改变，修复或改善生态系统的自组织能力，使生态与社会经济协调共存。

（5）生产本质的新界定。Pasinetti（1977）认为，虽然在新古典生产理论中，初始的资源禀赋和分布通过交换达到最优配置的问题被解决，但生产现象并没有得到透彻的分析①。生态经济学主张生产的原料投入和废弃物产出应当保持天然平衡，因而用投入产出分析来替代新古典生产函数，用 IO、SAM、NRA 方法来阐释广义的交易（经济、社会和环境之间的交易），并使用 SAM-NRA 模型来综合解析复杂的情景变迁。另外，绿色净国内生产总值、可持续的经济福利指标（ISEW）、真实发展指标和生态足迹也是 GDP 统计指标的多样化选择。

就具体的研究方法而言，生态经济学的一般方法有系统分析法、系统模拟法、效益论证法、历史比较法、专家评分法、资源环境价值核算、能值分析法和生态足迹模型分析法等。

---

① Pasinetti L. Lectureson the Theory of Production ［M］. New York，Columbia University Press，1977.

第 3 章

主体功能区的生态经济学基本理论依据

3.1 生态经济系统理论

3.1.1 生态经济系统的概念和特征

贝塔朗菲（L. V. Bertelanffy）对系统的定义为相互联系的诸要素的综合体。生态系统是一定时空中，相互作用和影响的生物因素及环境因素构成的综合体，其核心是生物群落。当部分生态系统受到破坏时，原有的主要成分在相同条件下，可以重建相似的稳定系统。生态系统的组成要素是无机环境、生产者、消费者和分解者，具有能量流动和物质循环基本功能，在一定的空间内处于有序状态，并相对稳定。其中，生产者、消费者和分解者是有生命的生物群落，通过营养关系构成了三大功能类群和营养结构，是能量流和物质流的基础。生态系统与一定的空间相联系，具有发育、繁殖、生长衰亡的生物有机体特征和代谢机能，能够在同种生物的种群密度、异种生物种群的数量和与环境之间的适应性反面进行调节。

经济系统是特定历史时期、特定地区和特定社会制度下生产力系统和生产关系的组合，由生产关系、生产力和经济运行系统组成。在市场经济中，所有制结构与经济运行系统中生产、交换、分配、消费四个环节一起构成了经济系统结构的五个部分。与生态系统一样，经济系统也是通过物质循环、能量流动和信息传递的过程运转，且内部各组成部分也因此成为一个有机整体。但不同的是，经济系统除了物流、能流、信息流，还有沿着交换链循环转换的价值流。

生态经济系统是由生态系统和经济系统相互耦合而成的结构复杂具有综合功能的复合系统。这一生态经济复合体的生态系统与经济系统之间存在物质、能量、信息以及价值流的循环与转换，并拥有自身运动的规律，能综合利用自然、经济及技术条件的合力，实现生态经济功能，产生巨大效益。

经济活动依赖于一定的空间和生态环境资源的供给，而人类活动可以涉足的生态系统，也几乎被完全纳入经济活动的范围，打上劳动的印记。自然再生产和经济再生产同时进行，劳动力和自然力共同创造了财富，人类生产生活与生态环境之间有着多层次复杂的相互作用（见图 3 - 1）。

通常所能见到的经济系统和生态系统，都是复合生态经济系统（严茂超，2001）。在人类历史上，生态经济系统的发展演替先后经历了原始型、掠夺型和协调型三种形态，这是一个由低级向高级的演变过程：

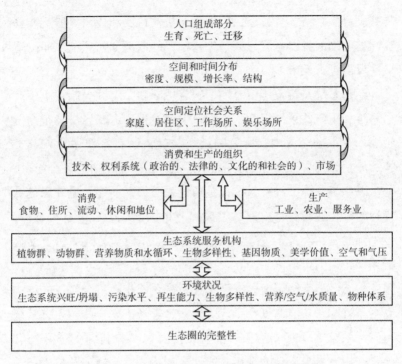

图 3 - 1 人类生产生活与生态环境的相互作用

第一，原始型生态经济系统，存在于人类社会的早期。在这种系统中自然生态系统占主导地位，资金要素基本上不参与生态经济系统结构的形成，经济系统与生态系统相互连接的技术手段简单，主要是在生态阈内进行的自然、半自然经济的农业和以生物产品为原料的家庭手工业，多是小范围农业上依赖自然的封闭式循环，中介技术手段低，生态与经济的矛盾没有显现。但这种落后的生态经济系统，人类社会与自然生态是低水平同步发展的，不能满足社会发展的需要。

第二，掠夺型生态经济系统，产生于农业文明时期，发展于工业文明。人口数量的不断增加，对自然资源的开发利用强度也在不断加大，经济占领了主导地位，经济系统通过技术手段以掠夺的方式与生态系统结合的方式。科技和生产力的飞速发展，使现代大工业和大农业确立，但生态经济系统结构呈现出畸形状态，经济发展则是掠夺型模式。增长以耗竭资源和环境为代价，而当后者被破坏到一定程度时，便成为制约经济增长的严重障碍。

第三，协调型生态经济系统，这是一种理想的生态经济系统，具有可持续性。进入新的生态时代后，经济系统通过科技手段与生态系统结合，低投入、高产出、高转化率、无污染、多品种输出、多层次相互协同进化发展的协调演替方式，不危及生态环境，使生态经济系统结构走向协调。

按分类原则和研究问题的侧重点不同，可以从不同角度将生态经济系统分为多种类型。例如，按自然环境特征，一是根据地形地貌，可划分为山区、平原、水域生态经济系统等等；根据气候特征，可划分为热带、亚热带、温带生态经济系统、寒带生态经济系统等等；根据按地理位置，可划分为沿海、内地、边疆、城郊生态经济系统等等；根据地域范围，可划分为全球、国别、区域、流域以至庭园生态经济系统等等。按经济结构状况分类，又可根据部门经济划分为农业、林业、畜牧业、渔业、工业生态经济系统等等；根据生产力水平划分为发达地区、中等发达地区、落后地区生态经济系统；根据市场需求可划分为贸工农、种养、林（牧、渔）工商生态经济系统等等。按行政区域，可划分为国家、省、市、县、镇、村、农户等等。按经济特征，可划分为农村、城市、城郊和流域生态经济系统四大类。

生态经济系统具有以下独特的性质：

（1）开放性。同时体现在生态经济系统的内部和外部。生态子系统和经济子系统在运动、发展过程中，都存在与外界包括各地区和生产部门之间物质、能量和信息、价值的交流。同时，生态系统通过能量流、物质流的转化、循环、增值和积累过程与经济系统的价值、价格、利率、交换等软要素融合在一起。

（2）立体网络性。生态经济系统立体性特征，是由生态系统的空间结构决定的。一方面，自然环境的立体和水平差异性，造成了生物群落与环境相适应的明显的空间垂直分布和水平分化；另一方面，生物、矿产、能源等自然资源具有明显的立体分布特点。因此，经济活动也受到制约，使整个系统呈现立体结构。

生态经济复合系统要素间的链接，不是点上的结合，而是纵横交错的网络结构。如农业生态经济系统中的农、林、牧、渔产业间，通过物质、能量、信息和价值的循环流动，形成网络；与自然生态系统联系密切的采掘工业，从开采矿藏，经过人类劳动，生产出金属、机械设备以及能源工业生产的煤炭、石油、天然气等动力能源，与工业系统密切相连，形成了生态经济系统的复杂网络。

（3）动态稳定性。生态经济系统的结构只有在系统要素达到某种平衡时，才会形成，即以稳定性为前提。但系统结构的稳定是相对的，它随要素和系统之间的约束、反馈、转换关系的变化而变化，是一个与实践有着紧密联系的理论范畴，生态经济系统的演替突出表现为经济社会主导下的急速多变的演替过程。同时，生态系统和经济系统都遵循有序运动的规律，且相互协调，如自然生长与经济目标的人工导向之间必须协调，否则将导致生态经济系统的逆向演替。

（4）复杂性。主要表现在生态经济系统的突变跃迁和不确定性。生态经济系统动力学的连续性可能在经济增长过程中因为人类对生态系统不合理的开发和破坏而中断或发生突变，并且这一过程往往是不可逆的，而不确定性使得对生态经济行为后果的预期变得困难，例如，大型水利工程的修建有可能改变地区气候，导致物种灭绝。因此，有必要避开将导致生态系统突变的经济发展路径及各种不确定性条件以便保持生态系统的柔性和可持续性。

3.1.2 生态经济系统的结构

系统的结构决定了系统的功能。系统的结构是系统内各要素相互关系的增值集合，反映了要素之间的关系，并决定了系统整体的运作方式。区域生态经济系统是以人为主体、以经济系统为中心、以生态系统为基础的多功能复合系统，可分为社会、生态和经济子系统，每个子系统中又由起不同作用的若干个要素组成（见表 3 - 1）。

表 3 - 1　　　　　区域生态经济系统的结构及要素作用

	组成要素	对生态经济系统的作用
生态系统	水热气候	决定人、生物适应性；影响产业结构选择和生态工程的标准等
	土地资源	是区域生态经济活动的基地，决定区域大农业的空间布局和结构、区域景观及各种经济活动
	水资源	限制着区域生态经济的建设规模、产业结构及类型、经济效益的高低、生态环境状况
	矿产资源	决定区域产业特别是工业结构类型、生态环境状况、生态恢复或重建类型难度、自然灾害类型
	旅游资源	景观类型、第三产业发展状况、生态环境质量
	区位资源	决定气候特征、地区经济中心地位、产业选择、资源利用及开发方向

	组成要素	对生态经济系统的作用
人类社会系统	人口及政策、法令、制度等	人口具有既是生态主体又是经济主体的双重主体地位,通过社会系统的信息反馈功能,可对生态和经济进行双重协调统一的功能。促进资源合理开发、环境保护、改善生态环境、生态经济协同发展
经济系统	农业	为区域提供食物及工业原料;在特定情况下产生破坏作用,加剧水土流失、农田污染、土地退化、产业结构失调等生态经济破坏
	采矿业	提供工业原料的同时,也造成了生态破坏、环境污染,增加了矿区生态建设和重建的难度
	加工业	满足人们的物质需求,同时产生工业污染物,破坏生态环境
	服务业	多数情况为无污染行业,利于生态经济效益
	信息业	具有高增值、低耗能、低污染的特点
	管理体制	在经济管理的同时强化生态管理,遏制生态经济系统的恶化趋势,调控生态经济系统的协同、持续、良性发展的动力机制

资料来源:王书华.区域生态经济:理论、方法与实践[M].北京:中国发展出版社,2008:30-31.

生态经济系统是一个多成分、多层次的网络结构,尽管不同类型和复杂程度的生态经济系统,结构状况不尽相同,但都包括链式结构、面式结构、立体结构三个最基本的要素:

(1)一维结构链。链是生态经济系统结构的基本单元,体现着因子之间直接组合和物质、能量、价值流转化的关系,主要运作形式有食物链、生产链、交换链。食物链是生物之间通过吃与被吃关系连接起来的链锁结构。较长的食物链总效率较低,但能增强系统稳定性。经济系统中也存在着类似食物链的生态经济链,只是技术经济要素渗透其中,对其进行了调节、设计和重组，可将其看作食物链的延伸和扩展。生产链是通过食物链、信息流和价值流相连而形成的主体、一维或多维结构，是反映生态经济系统总功能结构的主链。它同时具有生态有序性和经济有序性。生产包括经济再生产和自然再生产，以及它们相互交织、统一的生态经济再生产。影响生产链结构的因素，不仅取决于食物链的可能性，而且主要取决于国家政策、市场需求、生产单位的技术和经济上的可行性。交换链是生态经济系统中价值链的运动形式，维持系统物质循环和能量流动，可以表示为：经济产品—资金（货币）—经济产品。

（2）二维结构面。是指生态经济系统中链状结构的平面组合，若干条链相互平行或交叉，组合成面式网状的结构。其分布状况多数呈随机分布，表现为均匀分布、斑状分布和随机分布三种配置格局。

（3）多维立体结构。是指生态、技术和经济要素依据各自特性，配置在不同的空间层次，占据各自的生态经济位所构成的结构网络，其表现方式有种群立体网络、人口聚落立体网络、综观立体生态经济网络。其中，种群立体结构网络主要分布在农业和农村生态经济系统，使多种群充分利用一定空间中的生态、社会、经济和技术资源；人口聚落立体网络主要分布在城市生态经济系统，高层、地层、地下建筑、道路、线路、管道、加工链、生产链、交换链、物质流、能量流、价值流、信息流等在空中、地面和地下多维空间纵横交错，形成立体的循环体系；生态系统与经济系统之间的能量、物质交流，包括化学潜能、矿物潜能、势能和矿物生产网络，生态经济区域内的要素在地域空间上是相互关联的，构成生态经济立体网络结构。

生态经济系统结构的合理性关系到生态平衡与经济发展的质量，其评价标准有以下几个：第一，稳定性。稳定性是指当生态经济区域，内部要素发生变化或受到外部干扰时，不改变要素之间同类吸收、同域匹配、同序组合和同位集聚的结构特征的能力，并能消除干扰继续保持高效性。区域生态经济要素在质、量、时间和空间上具有联系和制约的均衡性越好，相互之间联系的复杂程度越高，越开放，区域就越稳定。其中，复杂性程度以变异度，表现在要素的数量和齐备程度以及食物链（网）和投入产出链（网）的复杂程度。开放系统的耗散结构，具有抗干扰能力，而生态经济区域客观上也具有这种抵抗一般干扰的耗散结构，如对外人才和技术的交流，区域内外交通的发展、流域的联系以及优良物种的引进等。第二，高效性。包括物质循环、能量转化、价值增值及信息传递的高效性等。具体来说，是指水体、空气和土壤不受污染，恢复速度快；资源和废弃物循环利用率及综合利用率高；投入产出率、劳动生产率、资金周转率高；人口自然增长率适度；各种形式的能量利用率、转化率、置换率较高；投入产出率、成本利润率、经济效益、人均产值、人均收入较高；市场信息、科学技术、统计资源、经济政策等传递的准确性和高效性。第三，持续性。指从动态发展来看，生态经济区域高效功能的持久和稳步提高，并允许系统有适当波动。反之，区域生态经济结构的不合理，则通过结构失调（结构不均衡、结构单一、结构封闭）、功能低劣（物质循环不畅、能量转换受阻、价值增值乏力）、发展不稳（包括恢复力差）等现象反映出来。

由分析可知，有必要对生态经济系统的要素配置及结构进行优化设计，使其属性关系、数量规模、时间顺序和空间地域上保证实现生态经济系统的协调持续发展。生态经济系统结构的优化，应遵循一定的方法和原则。生态经济系统要素配置的方法有以下四个方面：一是同类要素的择定，相辅相成配置法。二是适度规模的限定，同域组合配置法。三是同步时序的确定，同步运行配置法。四是空间位置的划定，立体网络配置法。第一，应根据社会需求、经济效益、生态特点等选择最优的配置目标和配置要素，对居于主导地位的支配性因子和最薄弱的限制性要素应优先配置。第二，以资源和市场为导向，消除要素相互之间的副作用、竞争和异类组合，趋利避害，使之形成一种互利共生得到的组合格局。第三，当要素在空间上呈立体网络布局时，生态经济系统的结构稳定性最强，物质循环、能量转化及信息传递最优，而稳定性结构的生态经济区域要求生态经济要素的运行节律和速率（即生态经济序）必须同步，因此，应把良性循环的多维立体结构和要素组合的同步序状态作为优化目标，促进产业结构合理化。第四，生态经济区域的生物群落拥有量和既定技术水平下的环境容量、生物生长量是有限的，而社会生产的广度和深度在科技发展的作用下都在增加，人们生活水平刚性的提高及人口增长的直接使我们唯一的地球不堪重负，这种矛盾要求我们必须坚持适度的原则，消除"瓶颈"。第五，在使生态经济系统设计和配置达到最大功率时，必须遵循能量投入的搭配原则，保证外界能量的流入，构建相应的贮存高品质能量的系统，建立稳定系统的控制功能，使物质得到循环利用，对外界环境系统有益，使自身处于有利条件之中。

3.1.3　区域生态经济系统的功能

简言之，区域生态经济系统的功能即区域生态经济系统与内外环境进行物质、能量、信息交换所表现出来的作用和效能。功能是以"流"的形式表现出来的，功能实现的过程又是通过生产过程和生产劳动来达到的，生产过程包括自然再生产和经济再生产过程。

生态经济系统是典型的耗散结构，区域生态经济系统的功能可以通过比较系统内外交换产生的熵的改变，分为熵减型和熵增型，前者是实践中调控的主要方向，指区域生态经济系统呈熵减过程，经济活动处在增值发展过程中，且生态环境状态良性化，污染、水土流失、旱涝灾害、土地退化等在控制之中；后者则相反，在经济活动停滞或衰退的同时，生态环境也在更加恶化。区域生态经济系统的功能是通过网络内外各种要素组合、分解、融合、运转的运动过程来实现的，而这些运作方式则通过"流"来表现。"流"是一个动态概念，它的运动实现了功能的表达，而它的运动水平代表着功能实现的大小（见表3-2）。

表3-2　　　　　区域生态经济系统的功能实现途径

表现形式	实现功能	衡量标准
物质流	物质循环功能	综合利用水平
能量流	能量定向流动功能	能源转换系数
价值流	价值增值功能	价值增值率
信息流	信息传递功能	信息的数量和质量

资料来源：冯贵宗．生态经济理论与实践［M］．北京：中国农业大学出版社，2010：80-93．

生态经济系统把生态系统和经济系统的各因子连接成一个生态经济有机整体。在这个生态经济有机系统中，社会生产和再生产通过物质、能量、信息和价值的交换和融合过程来进行。因此，生态经济系统具有物质循环、能量流动、信息传递和价值增值功能。

物质循环，即物流。由于物质不灭定律，循环可以使物质在不同系统中重复利用。自然界和社会经济系统都有自己的物质循环。生态系统的物质循环，又称生物地球化学循环。生物从环境获得营养物质后，食物链流动，最后通过分解复归自然，被植物再吸收利用。经济系统的物质循环是通过社会再生产过程，经济部门间流动的。除了直接生产过程中的物流，还有流通（商品流）和消费过程中的物流。生态经济系统中的物质循环，就是生态系统中的自然物流和经济系统中的经济物流有机结合，通过农业生产、能源生产、采矿生产部门等渠道相互转化并产生废弃物的运动过程。自然物流和经济物流是生态经济系统物流大循环体系中的两个逆向循环过程，其中，前者是后者产生的基础。

生态经济系统中的一切物质循环都伴随着能量流动，能量流动是物质循环的有机组成部分，其方向是从生态系统流动到经济系统。能量有动能与潜能之分，动能指正在做功的能量，潜能指具有能力但尚未做功的能量，二者的相互转化是物质运动的基本形式。自然能流包括太阳能流、生物能流、矿化能流及潜能，其传递与转化主要通过光合作用将太阳能转化为化学潜能，之后通过食物链在生物与环境之间传递、转化。经济能流是指生态系统中被人类开发并投入经济系统中的能量，通过运输、加工、贮藏、消耗的序列过程进行传递和转化，以满足人类的需要。能量流动是属于非循环的单向流动，并在流动中遵循热力学定律，逐渐消耗。生态系统必须不断地从外界获取能量，经济系统中的矿物能源和各种形式的"二次能源"，也不可能以原来的形式返回到原来的领域。经济能流与经济物流间存在互为因果的正相关关系，国民经济的快速增长离不开能源工业的发展。但经济能流会产生大量的废弃物，对自然物流和自然能流有很大的副作用。

商品价值的源泉是人类劳动，在劳动过程中，价值沿生产链形成、增值、转移，并通过流通领域实现。经济系统中，价值流通过交换形成网络，并汇聚成物流中心或商业网点，其间经过三个阶段：一是储备阶段，资金在流通领域通过交换活动从货币转化为实物形态；二是生产阶段，自然资源在具体的生产过程中转化为经济资源；三是销售阶段，产品在流通领域通过交换实现价值，并开始再生产价值流的起点。与能量的逐级递减相反，价值在流动中是逐级增值的。

信息传递也是生态经济系统的功能之一。信息是物质客体之间相互联系和作用的表现形式，也是系统管理的基础。信息流是以物质和能量为载体，通过物流和能流转换而实现信息的获取、存储、加工、传递和转化的过程。信息传递是生态经济系统的重要特征，体现了生态系统与经济系统的内在联系和相互作用的规律和特点，现代经济活动，实际上是一种信息传递的运动和过程。

物流、能流、价值流和信息流，是既有联系又有区别的四个生态经济概念。生态经济系统中任何成分或子系统，都是物质、能量和信息流的统一体，它们的联系可以比喻为一个有机生命体：物流是系统形成和运动的骨架，能流是动力机能，没有它系统就无法运转；价值流是"造血"机能，促进系统变化发展，信息流则是"神经"，负责控制和调节系统。

3.1.4　区域生态经济系统的运行机制

3.1.4.1　生态系统的反馈机制

反馈是系统内部或系统之间维持自我调节功能的机制。反馈分为正反馈和负反馈，正反馈即系统的输出物质（或一部分）重回系统，而使系统的输入信号增强的效应，反之，则为负反馈。

生态经济系统子系统内部及相互之间的反馈机制，共同维持着整个系统的协调和发展。生态系统本身也是由自然资源系统和环境系统复合而成的，通过系统内部食物链网络以及具有物质循环、能量转化功能的有序结构来自我调节并维持平衡，生态系统的这种自我调节功能就表现为反馈机制。生态系统内各成分之间的反馈机制是通过营养关系进行的，正反馈和负反馈的交替作用使系统成分维持在一定的范围内。整个调节机制中，以负反馈为主，各成分就是在此消彼长的负反馈调节中，维持着生态系统的动态稳定，当系统成分低于临界值，以致将影响系统整体稳定时，负反馈会迫使其回升，反之则反。

3.1.4.2　经济系统的反馈机制

经济系统内部也存在正负反馈交替作用的过程，但与生态系统不一样之处在于，经济系统反馈机制是以正反馈为主的增长型机制。经济系统反馈机制是一个超过经济范畴的宏观社会过程，经济系统的开放性，需要不断从环境中补充物质和能量，由于经济活动的主体是具有主观能动性的人类，而人类希望通过限制负反馈作用的同时采取正反馈手段来扩大资源开发和生产规模，促进经济增长和消费水平的提高，因此总是通过专门的调节者，来追求经济利益。尽管负反馈手段也会被不时采用，如压缩投资、减少生产等，但这些都是局部的、暂时的，多是在经济系统成分的比例失衡时，才因不得已而使用。

3.1.4.3 生态经济系统的耦合机制

若系统是依靠因果关系链联结在一起的因素集合，则各子系统之间的因果关系就叫耦合。生态系统反馈机制和经济系统反馈机制的有效耦合，决定了生态经济系统良性循环反馈机制的形成，其中生态、经济两系统互为因果。耦合的实现取决于两个反馈机制的调控手段，经济系统的调节手段在符合经济系统反馈机制的同时，还应该符合生态系统的反馈机制，二者互相促进，生态生产力稳定增加并在再生产中得到更新，达到更高水平的生态平衡，经济效果持续增加。反之，如果调控手段不符合任一系统的反馈机制，则非但不能使二者耦合，反而使其偏离，导致功能紊乱，生态经济生产力下降。

生态系统在经济发展中处于基础地位，为经济系统的发展提供各种自然资源和良好的生态环境，保障物质产品的生产。而经济系统向生态系统排放废弃物的同时，也为其提供更好的技术和物质保障，使之稳定、有序地发展，经济系统的主动调节和控制使生态系统的潜在生产力变为现实生产力。在这个意义上，经济系统相对于生态系统而言处于主导地位，经济系统对生态系统也存在反馈作用。但是其后果是不确定的。解决这一矛盾的关键在于使生态系统的反馈机制与经济系统的反馈机制耦合为一个机制，使二者相互促进、制约，互为反馈。

3.1.4.4　生态经济系统的动力学机制

生态系统和经济系统耦合过程中，由于反馈机制作用强度的不同而形成的生态供给和经济需求的矛盾，是生态经济系统发展的基本矛盾和动力。生态功能实现的前提是生态供给，但生态系统的负反馈反映了生态供给的有限阈值。经济系统发展所需要的物质能量输入是对生态系统的消费需求，但其正反馈机制不断放大这种消费需求。

在一定的技术条件和经济背景下，生态供给阈值是一定的，这决定了经济发展的有限性。在生态经济复合系统中，经济系统处于主导地位，而生态系统起基础作用，因此在耦合运行机制中，正反馈是主导性的，负反馈则是制约性的。生态经济系统的运行机制是在生态供给阈值控制下的增长型运行机制，这种机制以反馈调节为主、正负反馈调节交织作用、交替进行，使生态经济发展呈 S 形增长。生态供给阈的扩大，增强了生态经济持续发展的能力，这种发展表现为动态螺旋式上升的形态，且技术和社会机制的平衡在其中起到至关重要的作用。生态经济整合发展过程有这样的特点：由于增长型正反馈机制的主导作用，生态和经济不同等级平衡点之间的经济增长周期表现为罗切斯蒂增长（阻滞增长）曲线规律，但同时由于负反馈机制的平衡作用，增长曲线在每个平衡点附近会有下降或阈值波动的现象。

生态经济系统基本矛盾的根本原因在于生态系统与经济系统不同的运行机制，经济系统的反馈机制属于内在强机制，社会需求、经济需求和生态资源输入是其三个基本要素，共同构成一个正反馈环，而生态系统是自我维持的被动体，属于内在弱机制。由于经济需求力的无限增长，极易向不稳定的生态失衡状态偏离，并制约经济发展。因此，有必要从根本上调控这种机制性障碍。一种方式是弱化经济系统的增长型正反馈机制，控制、减弱经济对生态资源的浪费性需求，使之适度、协调、稳定的增长，消除盲目高速增长和大起大落的失调性波动。另一种相对的方式是强化生态系统的稳定型负反馈机制，通过发展新技术，提高生态资源的更新力，通过替代资源，满足经济需求，提高生态供给力。

3.2 生态经济平衡理论

马尔萨斯（T. R. Malthus）的《人口论》中提出了"人类种群的增长要受可用食物的限制"命题，为承载力概念提供了理论基础，李嘉图（Ricardo）的理论也曾涉及资源的稀缺性。赫尔曼·戴利（Herman Daly，1974）提出稳态经济的思想。而生态学家康威（G. R. Conway，1985）正式提出生态经济系统的平衡问题，即在一条件下，即使受到外来因素的破坏和干扰，生态系统依旧可以保持一定的生产力和功能，具有可持续性，并强调维持生态可持续性必须遵循资源的高效利用和废弃物循环再生产的高效原则[1]。生态经济平衡是生态平衡与经济平衡的渗透和结合形成的矛盾统一状态，指以自然生态平衡为基础的经济平衡。广义上的生态经济平衡包括人工生态平衡和自然生态平衡中符合经济、社会发展目标的部分。一般来讲，生态经济平衡的主体就是

---

① G. R. Conway. Agroecosystem Analysis [J]. Agricultural Administration, 1985 (20): 31 -55.

人工生态平衡。

生态平衡和经济平衡是矛盾的统一体，表现为生态目标和经济目标的矛盾统一。生态经济平衡的最优化目标是一种理想的模式，即在实现和改善自然生态平衡的前提下，更好地实现人类的经济、社会发展目标，二者在生态经济系统的运动发展中保持正相关关系。但是，现实中，生态与经济的平衡目标经常会出现负相关的情况，因为生态目标和经济目标的矛盾统一过程非常复杂，常常由于自然、经济、社会条件、生产和再生产水平以及供需程度的不同，人们做出不同的选择。以自然、经济再生产的供给与人类的需求均衡点为界，生态目标和经济目标的统一可以分为两种情况。一种是需求大于供给，人类为了获得自身的生存和发展，打破原有平衡，建立新的生态经济平衡关系。而这种行为的结果，常常导致环境恶化，生态不平衡，而生态失衡，又会加剧了经济不平衡，恶性循环，逐渐背离生态经济的总体平衡。另一种情况是供给大于需求，此时人类不再满足于产品的直接享受和低水平的需求，而是要求提高供给的质量，生态需求成为经济总需求的重要方面，生态系统与经济系统互为条件，生态平衡和经济平衡处在改善的状态，形成良性循环。

实现生态经济平衡，首先必须实现生态系统与经济系统之间的结构和功能的相互平衡。结构是功能的基础，结构的平衡是生态与经济系统之间的物质循环、能量流动和信息传递等功能充分有效发挥的前提。另外，还须协调生态与经济系统结构和功能的关系，保持其一致性。只有生态和经济二者同时处于平衡状态，才能产生最大的生态经济效益，此时生态和经济指标正相关，生态系统与经济系统协调发展。当经济平衡生态不平衡时，或经济平衡的实现是以生态平衡的破坏为代价时，其平衡只是局部的、暂时的。相对地，生态平衡经济不平衡的状态，虽然有较好的生态效益，但对现实的经济平衡来讲，没有直接的关系和促进作用。这两种情况最终都会导致生态平衡和经济平衡的同时丧失。根据里德尔（Riddell，1981）的研究理论，经济生态的均衡发展，需要从宏观上树立十一条原则，即建立经济生态均衡发展的思想委员会、增加社会公平、达到国际平等、减轻饥饿与贫困、减轻疾病与贫困、削减武器、向自我满足的方向趋进、消除城市的道德败坏、寻求人口与资源的平衡、保存资源、保护环境。

　　生态经济平衡是相对的，生态经济平衡是建立在自然生态平衡基础之上，以经济社会发展为目标的有条件的平衡，并且是在不断运动、发展、变化中的动态平衡。当生态经济系统处于平衡状态时，系统内的物质循环、能量流动、信息传递和价值增值等活动并没有停止，而是处于运动状态。同时，它随着环境的变化而变化，是一种进化过程。任何一个生态经济系统的平衡状态都是由过去的平衡状态演化而来的。环境的变化，导致系统不平衡，之后经过调整，再达到新的平衡。这种动态性特点，除了与内部的物流、能流、信息流、价值流和外部环境密切相连，还与人类文明的存在和发展密不可分。周鸿在《简论文明的生态史观》中指出，文明是文化地理、时间和空间的三维进程，它的起源、延续以至消亡都与环境的支撑密不可分，古今中外各个文明都不能离开人类生存的环境而独立存在，从某种意义上说，文明即一个区域的文化对环境的社会生态逐渐适应并融合的过程。生态史观认为，很多辉煌的古文明走向消亡的真正原因，其生存的自然环境的毁灭，而战争和其他诸多因素加速了支撑文明的资源环境的耗尽。文明被环境养育，若环境发生变迁，文明必须相应进化或更新来适应新的环境。生态限制的实质就是资源承载力的作用。

均稳态、自控态和进化态是生态经济平衡的标志。均稳态是指构成生态经济系统的生态系统和经济系统中的结构、运行、功能的均衡和相对稳定状态，状态保证系统在运行过程中不会出现严重变异。自控态是指在各种内外因素的激发下，当出现变异时，生态经济系统凭借自身的调控机制，重新恢复相对平衡稳定状态，保证正常运行及功能正常发挥。同时，生态经济平衡不是静止的均稳态，也不是停留在原有水平上的自控态，而是由低级向高级升级的过程。

3.3　生态经济效益理论

生态经济效益是物质资料生产的经济效益和生态效益的综合统一，反映了生产过程中经济产出及生态产出与劳动耗费的综合比较。可用公式表述为：

生态经济效益 =（经济产出 + 生态产出）/劳动投入

社会生产和再生产活动，引起经济系统和生态系统两种不同的运动，使整个生态经济系统发生相应的变化。劳动投入既会生产出产品和劳务，产生经济效益，又会对生态环境产生影响，引起变化，产生生态效益。经济系统通过消耗劳动，把从生态系统中获得的自然物质和自然能量，加工成经济物质和经济能量，这些物质和能量继续参与经济系统内的再生产运动，产生经济效益。同时，经济系统还要送回生态系统一些经济物质和经济能量如化肥、农药、各种废弃物，对生态环境产生影响，以致影响人类生产、生活环境，即生态效益。生态经济效益把人类经济活动的目前利益和长远利益、局部利益和整体利益都结合起来，具有层次性的特点。

对生态经济效益的评价遵循高生产力、低消耗、产品优质、自然资源最优利用、系统风险最小、生态环境质量几个主要原则。评价指标在内容上包括对生态经济系统能量流动和物质循环功能的评价。例如，对生态经济系统能量流动状况的评价指标有光能利用率增长率、能量投入产出比、能量资源采掘比率、能量资源合理开发率、全国年度平均单位能源消耗带来的环境损失、产出万元国民收入消耗的能源资源量等。对系统物质循环状况的评价指标有可再生资源的资源再生系数、吨粮水土流失量、有机物质资源有效利用率、单位投资增加森林覆盖率数量、共生矿综合利用率、生产性"三废"、物质生产系数、国民经济物耗净值率、单位基建投资带来的生态环境损失量等等。

生态经济效益评价的方法，仍处在研究、探索的阶段，主要有综合指数法，价值计量法和综合成本趋向最小方法，等等。综合指数法的指导思想是根据生态经济效益是由生态效益和经济效益综合而成，把对生态效益影响较大的生态指标和对经济效益影响较大的经济指标分别用一个指数反映，二者相加成生态经济效益指数，以此评价生态经济综合效益。价值计量法的理论基础是，人工生态环境是劳动的产物，所以和自然资源一样具有价值，其价值量可根据马克思的劳动价值理论加以计算，把生态效益和经济效益价值分别计算后加总，即投入一定量的劳动所产出的生态经济效益。这种方法虽然计算复杂，但结果准确。最后，综合成本是指生产项目的年产量总成本与生产过程中所造成的生态经济损失之和，这个和越小，说明生产项目的成本越小。

第4章

主体功能区划分的生态经济学
直接理论依据

　　《"十一五"规划纲要》中提出主体功能区划分的依据是资源环境承载力、现有开发密度和发展潜力，是从环境、经济、社会总体发展的现状和潜力等宏观方面提出的。从生态经济学角度来看，资源环境承载力是对生态经济系统承载力的正面评价，现有开发密度是对生态经济系统的负面影响，而发展潜力包括了很多方面，其中生态环境可以支持社会经济发展的潜力是一个重要的方面。生态经济区划理论为主体功能区的划分提供了直接的理论基础。

4.1　生态经济区划理论

　　生态经济区划以生态经济学理论为指导，直接目的是确定生态经济区的范围和界限，根本目的是客观地了解各个生态经济分区的性质和特征，为开发利用好生态经济资源提供科学依据。生态经济区划的理论基础是地域分异规律，即生态地理环境的特征在某一确定方向能够保持相对一致，在另一确定方向上却呈现出差异性和更替性。地带性规律是自然地理的首要规律，分为纬度地带性（简称地带性）和经度地带性（简称非地带性）两类，揭示了地表热量与水分组合运动在具有不同纬度、高度和自然地理特征的地区的差异性。能量分配的差异，使不同地区的生物具有明显的地区适应性，在地球表面形成差别很大的各种生态系统。生态经济综合区划包含自然、经济等多项因素，但首先是建立在自然生态系统分异的基础上，生态经济区的界线反映了区域差异。

地域差异性是生态经济系统的显著特点，也决定了主体功能区的不同功能定位。生态经济系统在地理环境、生物群落结构方面具有广泛的差异性，不同地区地质环境、气候、水文、矿藏的区别导致生物群落（包括动物、植物和微生物群落）结构的不同。而非生物环境和生物因素影响着人口和经济系统的分布，如城市、农业、轻工业、重工业、基础结构以及与之相应的生产关系如劳动组织方式和生产、流通、分配、消费结构等等。上述要素在空间和时间上的分布组合，形成了错综复杂的关系，也使得区域生态经济系统的构成非常复杂，具有严密的整体性和系统性。一方面，生态环境要素、生命系统要素、经济生产力要素和生产关系要素只有同时完备，缺少任一要素，就不能构成区域生态经济系统。另一方面，系统中任何要素的变化，都会产生连锁效应，波及整个区域社会经济系统。

对区域生态经济区的划分可以通过自上而下或自下而上的途径，前者是从宏观着手，从最高级到最低级单位依次划分，指标的选择以对象的特殊性为依据。后者则是通过对最小单位图斑的指标分析，首先合并最低级的区划单位，然后向高级合并，最后得出最高级区划单位。自上而下区划是由"整体"到"部分"，对地貌、气候、水文、土壤和植被等生态要素进行分析，自下而上区划主要对社会、经济要素进行综合，同时也通过专家进行定性分析，建立不同区域的特色产业结构与产业生态化模式，发展生态经济。"自下而上"是"自上而下"方法的前提和补充，使"自上而下"的区划更准确可信。分区运用较多的方法是聚类分析，具体有系统聚类分析、模糊聚类分析、星座等聚类分析三种。另外，当前不少学者将地理信息系统（GIS）方法应用到综合区划研究中，利用计算机软件和硬件技术的支持，运用系统工程和信息科学的理论分析地理数据的空间内涵，获得规划、管理、决策和研究的空间信息系统（陆守一，2000）。这种先进的多技术交叉的空间信息科学的应用使区划研究由静态走向动态，由平面走向立体，使区划结果的基础由行政单元变为相对均质的地理网格单元，精确度大幅提高。

主体功能区的划分，应当尊重自然，生态优先。维护生态安全、恢复环境质量是主体功能区最重要的任务，资源环境承载能力在区划中应被赋予更高的权重，结合自然本底条件的差异，体现地区开发方向、规模、强度在空间关系上的协调，来设定资源环境指标项，引导、约束和控制经济主体的行为，按照错位发展、协调配合的理念，搞好区域间的分工协作。因地制宜，采用自上而下、上下互动的划分途径，依托行政区，科学、客观性地划分主体功能区。随着经济社会的发展，主体功能区划也应根据区域生态经济系统的变化而动态调整。同时，还要以人为本。划分优化开发和重点开发区时，突出人居环境、人口集聚状态、经济发展水平支撑能力，而在不适宜人口居住的区域，则通过限制开发区域的设置，引导人口有序转移，使得人口与经济在空间上实现均衡分布，并与自然环境相得益彰。另外，国土部分覆盖原则，主体功能区划从长远看应该实现国土的全覆盖。但结合国情，现阶段的主体功能区划可以考虑按照国土部分覆盖的原则进行，即将完全符合标准的区域首先划入四类主体功能区，其他区域待条件成熟后逐步划入，这样有利于分类政策的制定和实施切实有效。

4.2　主体功能区划分指标的理论依据

4.2.1　生态承载力

4.2.1.1　生态承载力的概念

生态承载力（Carrying Capacity）即"某一特定环境条件下（主要指生存空间、营养物质、阳光等生态因子的组合），某种个体存在数量的最高极限"[①]。这一概念来自生态学的种群理论，后来被人口学、资源学和环境科学等学科借鉴，成为定量评价的重要指标。法国经济学家奎士纳（Francois Quesnay）在《经济核算表》中对土地生产力与经济财富关系的讨论可以看作经济学领域中最早的生态承载力思想[②]。此后，马尔萨斯（T. R. Mal-

---

① 刘庆志. 我国煤炭资源可持续利用承载力探讨［J］. 山东科技大学学报，2006（1）：87-89.

② ［奥地利］陶在朴. 生态包袱与生态足迹［M］. 北京：经济科学出版社，2003：145.

thus）首先注意到自然因素对人口的限制作用，提出粮食问题。1991年，世界自然资源保护联盟（IUCN）、联合国环境规划署（UNEP）、世界野生生物基金会（WWF）共同发表的《保护地球——可持续生存战略》一书，定义生态承载力为地球或任何一个生态系统所能承受的最大限度的影响。

将整个区域作为一个复杂的以人为中心的生态经济系统，地理、气候、生物等自然环境是为其提供物质和能量的基础。作为承载体，生态子系统在复合系统中为承载对象经济系统提供支持力，而经济子系统向生态子系统施加压力，并试图提高它的支撑能力。生态承载力的内涵有三个方面：生态系统的自我自身维持及调节能力；生态系统的资源与环境可持续的供给和容纳能力；资源消耗、环境污染及人口与经济增长带来的压力。因此，生态承载力的内涵可以用生态弹性力、承载媒体的支撑力和承载对象的压力来阐述。

（1）生态弹性力。生态弹性力反映了生态系统的弹性强度和限度，是客观承载力。生态系统是具有自我维持、调节和抵抗外界压力及扰动能力的有机体，可以自我恢复由于外力作用导致的失衡。气候、水文、地形地貌、土壤以及植被状况在很大程度上决定了生态弹性力的大小，例如，我国从西北地区到东北地区，生态系统的类型逐渐从沙漠、草原过渡到森林生态系统，对应的生态弹性力的强度也呈逐步增大趋势。

生态弹性力指数为：

$$CSI^{eco} = \sum_{i=1}^{n} S_i^{eco} \times W_i^{eco} \qquad (4.1)$$

式中，S_i^{eco} 表示生态系统特征要素，分别代表气候、土壤、水文、地物覆被等值；W_i^{eco} 表示要素 i 所对应的权重值。

（2）承载媒体的支撑力。承载媒体的支撑能力取决于很多因素，除了区域生态系统的资源供给和环境容量，充分发挥人类的主观能动性，生产力提高、科技创新、居民消费理念的进步，都使承载媒体支撑的作用增强，不仅仅限于客观的支持。假设承载媒体 S 的承载力取决于因子 x_1，x_2，x_3，$\cdots$，x_n，则其数学表达式为：

$$CCS = f(x_1, x_2, x_3, \cdots, x_n) \qquad (4.2)$$

若因子 x_1，x_2，x_3，$\cdots$，x_n 的承载分量分别为 S_1，S_2，S_3，$\cdots$，S_n，权重为 W_i，则定义：

$$CSI = CSS = \sum_{i=1}^{n} S_i \times W_i \qquad (4.3)$$

式中，CSI 表示承载指数，S 表示各因子，W 表示其对应的权重。可见，承载能力由承载指数 CSI 决定，与承载分量及权重值大小成正比。

（3）承载对象的压力。人类社会的生存和发展都依赖生态系统，给资源和环境施加了越来越大的压力，而且对资源的数量种类和环境质量的要求也越来越高。承载对象的压力反映了区域发展中的人们生存环境的质量和问题。假设承载对象 P 的压力是客观存在的，其大小取决于因子 y_1，y_2，y_3，$\cdots$，y_n 等，则承载对象压力 CCP 用数学式表达为：

$$CCP = f(y_1, y_2, y_3, \cdots, y_n) \qquad (4.4)$$

若因子 y_1，y_2，y_3，$\cdots$，y_n 承载分量分别为 P_1，P_2，P_3，$\cdots$，P_n，权重为 W_i，则定义：

$$CPI = CCP = \sum_{i=1}^{n} P_i \times W_i \qquad (4.5)$$

同样，CPI 称为压力指数，代表系统承受的压力。

根据生态承载力的内涵，对生态弹性力、承载媒体的支撑能力和承载对象的压力进行加权，得到区域生态承载力指数：

$$A = \sum_{i=1}^{3} B_i W_i \qquad (4.6)$$

其中，B_i 表示各子项评价结果，W_i 表示各子系统权重，$i = 1$，2，3。

生态承载力表征了生态系统的资源要素属性，在区域生态经济系统协调发展的情况下，人类活动应当被控制在生态承载力限度之内。区域的可持续发展要求承载对象的压力不能超过承载媒体的支撑力，一方面，资源的供给大于需求，另一方面，污染物的排放量不能超过环境对污染物的容纳和净化能力。生态承载力的极限取决于系统自身的更新能力，不可能无限增大，虽然人类可以通过技术的创新来提高生态系统的承载力，但这种改善的确常常伴随着生物多样性的减少和生态功能的破坏。

图 4-1 反映了资源环境承载力与社会经济子系统的关系。

区域生态承载力由生态子系统的支持力和社会经济子系统的发展能力复合而成。自然支撑力是基础，为社会经济活动提供物质和空间，属于内支持力；人类生态建设能力使其延伸和提高，属于外发展力。自然生态系统的承载主体和对象之间的承载和约束关系仅仅是简单的食物链，互动性较弱。而人工创造的区域生态经济系统，承压关系复杂且互动性强。区域生态系统的资源和环境空间有限性，决定了承载力的阈值：

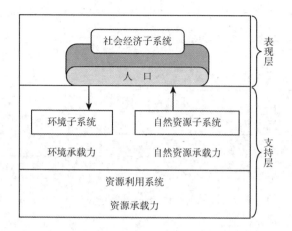

图 4 - 1 资源环境承载力与社会经济子系统的关系

$$EC = F(\min(W, R)) \qquad (4.7)$$

式中，EC 为环境承载力；W 为环境系统本身所能接纳的废弃物能力；R 为环境系统的资源。因此，社会经济活动的强度须以此阈值为限，高强度的经济开发会导致区域生态系统超载、退化以至不可持续。另外，生态承载力的阈限特征通常在少数"瓶颈"要素上表现出来，可以通过剖析区域生态承载力的组分来寻找地区发展的"瓶颈"要素。

4.2.1.2 资源承载力

从结构上看，生态承载力分为资源承载力和环境承载力。

资源就是资产的来源，是人类创造社会财富的起点[①]。根据性质，资源分为自然资源、经济资源和社会资源。根据在社会再生产中消耗方式，自然资源又可以分为耗竭性资源（有限的）

---

① 陈英姿. 发展循环经济提升自然资源承载力 [J]. 人口学刊，2007（6）：46 - 48.

和非耗竭性资源（无限的）；根据补偿方式，又可以再次分为可再生资源和非再生资源等（见图4-2）。

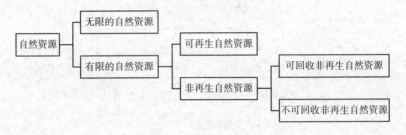

图 4 - 2   自然资源构成

资料来源：杨云彦. 人口、资源与环境经济学 ［M］. 北京：科学出版社，1999.

资源承载力是在某一时期、某一范围的区域内，在生态环境良性循环、资源合理利的前提下，资源能够承载的人口数量和经济社会总量。区域资源承载力的大小由人类活动作用的方向、强度和规模反映出来，受到环境标准、环境容量和人类生产生活方式等因素的影响。

资源承载力的构成因素有四个方面：一是承载体即资源本身的特性，如储存量、分布形势、物理属性及经济属性、变化趋势等；二是受体的特性，即资源承载着什么，如土地资源支撑的是人口及建设，关键在于如何可持续利用，矿产资源则支撑国民经济总量，主要问题是解决代际公平问题；三是承载条件，即承载力计算对应的技术水平和生活条件；四是承载力的计算，即量化和评价过程，由单一指标向多目标综合评价转化。

目前关于资源承载力的研究集中在土地资源、水资源、矿产资源和旅游资源等自然资源领域。

（1）土地资源承载力。土地为人类提供生存发展和各种活动的空间。与其他资源相比，土地资源承载力的研究比较成熟，核心内容是人类活动与土地的自然再生能力的关系。土地承载力是指在一定时期内，在一定的资源和技术条件下，能够保证其生活质量并持续供养的人口数量[1]。其主要影响要素有生产条件、土地生产力和人们的生活水平。作为主体，土地具有有限性、不可移动性、不可替代性和可更新性，其中的不可移动性区别于其他自然资源，决定了土地存量的有限性和时空的局限性。除了承载人口，土地资源还充当着协调社会、经济和环境的中介，并且可以表征三者之间的协调程度。衡量土地资源承载力的标准主要是生产能力，如单位面积产量预测、资源平衡及结构与土地利用结构的匹配程度等。

（2）水资源承载力。有学者认为水资源承载力是某地区水资源在一定发展阶段，在区域社会和生态协调发展的状态下可承载的农业、工业、城市规模和人口的最大限度，是一个随社会经济科技水平发展而变化的综合目标[2]。另外一些学者认为水资源承载力是在具体历史发展阶段，以可预见的技术、经济和发展水平为依据，以生态环境良性发展、水资源合理配置和高效利用为前提，区域发展的最大人口容量[3]。水资源承载力

①　钟建宏. 水环境承载容量评估之发展与应用［C］. 第四届海峡两岸学术研究研讨会会议论文集，1996.

②　张玉萍. 基于 DEA 的大连城市人居环境可持续发展能力评价［D］. 大连：辽宁师范大学，2007.

③　Shi Yafeng, Qu Yaoguang. Water Resources Carrying Capacity and Rational Development and Utilization of arü mqi River［M］. Beijing：Science Press，1992：94 – 111.

的主体和客体都具有动态性，水资源本身质与量和客体对水资源需求的变化决定了其支撑能力的变化。在特定的区域和历史阶段，水资源承载力是有上限的，但技术的进步使人类可以拓宽其范围，如中水利用、海水淡化等。水资源承载力具有明显的空间性和时序性，在一定时期和区域内，其结构和功能相对稳定，但水资源系统在结构上的变化，会导致水资源承载力质和量上的变动。

（3）矿产资源承载力。矿业是国民经济中最基础的两门产业之一（另一个为农业）。据统计，矿产资源至少为人类提供了94%的能源、80%的工业原料、70%的农业生产资料。矿产资源是国民经济总量和发展速度的关键因素。矿产资源承载力是矿产资源在一个可预见的时期内，在当时的科技水平、自然环境和社会经济条件下，能够支持的经济总量[①]。矿产资源是典型的不可再生自然资源，具有明显的时间性特点，存量与时间成反比，其承载体是经济总量，与其他承载力相比目标较为简单。该领域的研究包括预测可利用的储量、矿产品产量、经济利用系数和单位国民生产指标。另外，矿产资源承载力分析应特别关注公平问题，包括代内公平和代际公平，节约利用，提高使用效率，研发可替代资源。

（4）旅游资源承载力。旅游资源承载力是指[②]在某一旅游地环境的现存状态和结构组合不发生对当代人及未来人有害变化的

① 王玉平，卜善祥. 中国矿产资源经济承载力研究 [J]. 煤炭经济研究，1998（12）：15-20.
② 崔凤军，刘家明. 旅游承载力指数及其应用研究 [J]. 旅游学刊，1998（3）：41-45.

前提下，在一定时期内旅游地所能承受的旅游者人数。它的载体由环境生态承纳量、资源空间承载量、心理承载量、经济承载量四个方面构成，受体是游客人数。旅游资源承载力的客观性和可变性、变易性与可控性、最适值和最大值的矛盾统一，是旅游可以持续发展的一个重要判据。旅游资源投资少、收效快、利润大、换汇多、折旧率高，有"无烟工业"之称。对典型旅游承载力进行度量的方法是以旅游地居民的心理容量为出发点构建指数体系。

4.2.1.3　环境承载力

《中华人民共和国环境保护法》将环境定义为"影响人类生存和发展的各种天然的和经过人工改造的自然因素的总和，包括大气、水、海洋、土地、矿藏、森林、草原、野生动物、自然遗迹、人文遗迹、自然保护区、风景名胜区、城市和乡村等。"生态环境是人类生存的自然环境及社会环境的综合体，影响生态经济系统发展的环境条件，由多种生态环境因子综合构成。环境承载力也称环境忍耐力，指环境系统在维持系统功能，不遭受破坏的前提下，在一定时期和范围内，所能承受的人类活动阈值。

作为环境承载力媒介的环境，承载了环境污染物、人口规模和人类的社会经济活动。这一环境除了狭义的自然环境，也涵盖人造环境系统。与人造环境（也称第二环境）相比，被破坏的自然环境恢复成本较高。生产活动是环境承载压力的主要来源，资源型产业不仅以自然资源的丰裕度为生产先决条件，而且生产过程也给环境造成巨大威胁，非资源型产业的非清洁生产工艺对环境产生直接作用力，而初级产品原材料的投入，则间接给环境施加了压力，另外，人类生活垃圾的排放，也是对环境承载力的考验。

环境承载力反映了人与环境相互作用的程度和特征，可将其表示为函数：

$$ECC = f(T, S, D) \tag{4.8}$$

其中，T、S、D 三个变量分别表示时间、空间和人类经济活动的规模及方向。

不同时期或地区的环境承载力由于结构功能的不同而不同。在特定时间和空间里，环境承载力是一个稳定的量。但环境承载力具有一定的主观性，表现在人类可以结合需要，通过改造自身行为尤其是经济行为来控制和改变环境承载力的大小和变化方向。

环境承载力包括大气环境承载力、水环境承载力等。大气环境承载力显示大气环境对污染物的消纳能力，指某一环境单元大气一定标准下，所能承纳的污染物最大排放量，目前该领域的研究多局限于在一定时期和区域内。水环境承载能力是一定的时期和水域范围内，水环境条件对生活需求和经济发展的支持能力，即水体能够保持良好状态并被继续使用时系统所能够容纳污染物的最大能力。

4.2.1.4 资源环境承载力计算评价方法

不同的资源具有不同的特征，其承载力研究方法也是不同的。土地资源属于非耗竭性资源，不会因为使用而耗尽，因过度使用而退化的土地可以通过补偿恢复，类似研究如草地资源承载力、旅游资源承载力；矿产资源属于耗竭性资源，相关的承载力研究重在探讨持续发展的问题；水资源属于有限的可再生资源，合理利用则具有可持续性，反之，则会导致枯竭，因此，水资源承载能力的研究相对复杂。

关于资源环境承载力的研究涉及资源、人口、社会、经济发展多方面的因素，内容复杂。对其量化研究的方法尚未统一，国内外研究者一般将定量与定性手段相结合，来直接或间接地测度人类活动对资源环境系统产生的影响和压力，常用的评价方法包括单因素评价法、综合指标法、主成分分析法、生产力估算法、模糊综合评价法、系统动力学法、多目标分析法、背景分析法、ECCO法、能值分析法、自然植被净第一生产力估测法、生态足迹法、状态空间法等。各种方法对承载力的理解仍存在行业的限制，因而出现的承载力的度量方法也带有各领域特点。

生态经济学中最常用生态足迹来衡量一个区域的生态承载力，即实际提供给人类的所有生物生产土地（或水域）面积总和。生物生产土地面积是一个生物物理指标，具有可比性。生态足迹与生态承载力供给之差反映了地区生产消费活动对区域生态环境的影响程度：当差值为负，即生态足迹小于生态承载力时，为生态冗余，表明地区人类活动尚在生态环境承载力范围之内，生态系统是安全的，处于可持续状态；反之，当二者差值为正，即生态足迹大于生态承载力时，则表示生态赤字，生态环境资源供不应求，人类超出了生态承载力极限，地区生态系统不安全，处于不可持续状态。

主体功能区划要求自然条件和经济社会数据的有机结合，将经济活动本身及其与资源环境的相互影响都纳入考察的视野，因此信息量异常庞大。而相对资源承载力模型，能明确各地区资源的不同，得出主体功能定位，为区划提供参考。黄宁生、匡耀求（2000）首次提出了"相对资源承载力"，选取以比具体研究区更大的一个或数个区域（参照区）作为对比标准，根据其资源存量及人均资源拥有量，计算出研究区域的相对资源承载力[①]。与研究方法相比，相对资源承载力扩大了人口承载资源的范围，强调了自然资源与经济资源之间的互补性。目前，该方法在国内被广泛应用。

综合考虑自然、经济、社会三个子系统组成的复合系统的相互影响，将人口数量作为研究目标，用耕地面积表征自然资源；用国内生产总值（GDP）表征经济资源，从相对资源承载力的角度研究其资源承载力。

（1）相对自然资源承载力：

$$C_{rl} = I_l \times Q_l \tag{4.9}$$

式中，C_{rl} 为相对自然资源承载力（10 万人）；I_l 为土地资源承载指数（人／平方米），$I_l = Q_{p0}/Q_{l0}$，Q_{p0} 为参照区人口数量（10 万人），Q_{l0} 为参照区耕地面积（10 万公顷）；Q_l 为研究区耕地面积（10 万公顷）。

（2）相对经济资源承载力：

$$C_{re} = I_e \times Q_e \tag{4.10}$$

式中，C_{re} 为相对经济资源承载力（10 万人）；I_e 为经济承载力指数（人／万元）；$I_e = Q_{p0}/Q_{e0}$，Q_e 为研究区国内生产总值（10 亿元），Q_{p0} 为参照区人口数量（10 万人），Q_{e0} 为参照区国内生产总

---

① 黄宁生，匡耀求. 广东相对资源承载力与可持续发展问题［J］. 经济地理，2000，20（2）：52 - 56.

值（10亿元）。

（3）综合承载力：

$$C_s = W_{rl} \times C_{rl} + W_{re} \times C_{re} \qquad (4.11)$$

式中，C_s为综合承载力（10万人）；W_{rl}为土地资源承载力权重；W_{re}为经济资源承载力权重。参照前人的研究成果和青岛市的具体情况，考虑到一个区域的综合承载力应是二者的均衡点，才能够保证经济、环境与人口的协调发展。故设定 $W_{rl} = W_{re} = 0.5$。

参照区域的承载状态即为实际资源承载人口与综合资源承载力之差，有三种情况：当 $P - Cs > 0$ 时，实际人口数量（P）大于可承载人口数量（Cs），此时区域资源环境处在超载状态；当 $P - Cs < 0$ 时，为富余状态；当 $P - Cs = 0$ 时，为临界值。借鉴舒克盛的主体功能区划分方法和思路，得出如下主体功能区区划的参考标准：

$P > C_s$，$Q_e > C_{sg}$说明地区的人口和国民经济都处在超载的状态，人口、经济密度过高，多为经济发达地区，应该优化产业结构，提高资源利用效率，减小人口压力。该地区应划为优化开发区。

$P > C_s$，$Q_e < C_{sg}$说明地区人口超载，而国民经济产值小于资源所能承载的经济量，经济富余，人口压力大而经济密度相对小。这反映出当地经济发展较为落后，产业结构以劳动密集型和资源密集型为主，应降低单位 GDP 产值与资源占用比，适度人口流出。该地区应划为重点开发区。

$P < C_s$，$Q_e > C_{sg}$说明地区人口有富余，而经济超载，反映出当地人口密度较小，资源环境压力大，多为新开发的资源型城市。以后阶段应以提高资源利用率，减轻资源环境压力，降低单位 GDP 资源消耗，并实行适度迁入人口。该地区应划为优化开发区。

$P < C_s$，$Q_e < C_{sg}$ 说明地区人口和经济都处于富余状态，密度较低，多为中西部地区地广人稀地区。应当结合当地实际情况，生态环境良好的地区应划为重点开发区，建设成为新的经济和人口集聚高地；而生态环境脆弱的区域应划入限制开发区，坚持"保护优先，适度开发"的原则，使之承担维护生态功能的任务。

4.2.2 开发强（密）度

开发有广义、狭义之分，狭义的开发指工业的发展以及交通、水利设施和城镇建设等用地开发，广义的开发是对土地、矿产、生物、水资源等区域国土资源的综合利用，包括采矿、垦殖、工程建设等。而主体功能区的开发是涉及大规模工业化和城镇化的人类经济活动。相应地，狭义的开发强度指区域总面积中工业、城镇、交通、水利各种建设空间所占的比重；广义的开发强度，则是所有已开发空间面积的总和与区域总面积的比值，已开发空间除了包括工业用地，还涵盖了农业用地和其他各种类型的开发用地。开发强度具有时间上的可量度性和空间上的可比较性，土地开发强度既反映了土地利用现状，又是未来开发决策的依据，具有多层次性、多目的性、多要素性和动态性。周炳中等（2000）认为开发强度是衡量开发活动的频度、速率、规模、资源变化程度和反馈效应状况的一种尺度，并从资源可持续利用角度诠释了开发强度的内涵（见表4－1）。

表 4 - 1　　　　　　　　　开发强度内涵

资源开发强度	开发强度内涵
开发条件与技术保障	自然环境质量 资源丰度 科教实力 劳动者素质 经济支持力 资源经营管理水平 开发利用政策的有效性、持续性
开发强度	开发规模 开发深度 开发频度
开发效益	社会效益 经济效益 生态效益
资源反馈效应	环境影响 人均资源变化 资源质量变化
生态环境治理力度	土壤退化治理率 水土保持率 水环境治理状况 土地复垦比率 灾害防治能力 生物多样性保护状况

　　相比之下，国外对开发强度的研究历史比国内成熟得多。最早提出对开发强度进行控制的是德国，1891 年法兰克福首次提出政府应用区划来控制开发密度和容积的构想，以避免由于地价太高而导致工人住房条件无法改善的情况。1916 年美国纽约颁布了第一部区划法令，至今已有百年。美国主要通过土地分区来规定地区的范围、开发方式和最大强度，限制土地开发和产业发展，并将城市分为特殊保护区、特殊目的发展区、特别发展区和

混合用途区。英国早期规划法案中有类似区划的规定，1947 年又颁布了新的城市规划法案，如"一般开发法""利用分类法"等，列出了对开发程度和区域开发用途的规定。日本 1919 年颁布的城市规划法和建筑基本法构成了城市规划建设的基本法律，规定了土地的使用性质、使用强度、分区和形态，并规定了最大的建筑密度。

我国学者 20 世纪 90 年代开始关注生态适宜度评价与土地资源空间配置的关系，并在开发适宜性的理论、技术方法和应用方面展开研究。生态适宜度即规划区域的土地利用方式对生态环境的影响程度。土地资源空间优化布局关键在于根据土地资源的特征、利用前景及限制因素，对区域土地资源进行科学分类和评价，进而将土地资源配置到最适宜的区位上。生态适宜度评价则是通过生态调查寻求可行的最佳土地利用形式，将生态要素对给定的规划办法的适宜程度作为评价的对象，该指标已成为城市生态环境功能分区和土地资源规划管理的一个主要参考依据，在区域开发建设规划和环境影响评价中发挥重要作用，在国家环保总局 2003 年 8 月 1 日颁布实施的《开发区区域环境影响评价技术导则》中被列为区域环境影响评价的主要内容。随着地理信息系统（GIS）技术被引入区域空间规划研究领域，研究者着眼于将 GIS 强大的空间技术与和数学统计方法结合起来，以期改进达到数学上和空间上的实践性。另外，香港地区也自 1956 年的建筑（规划）法规开始，对城市土地开发强度进行了规划控制，香港地区的土地利用强度控制属于建筑管理范畴；主要通过用地分类、基地位置和建筑高度三方面控制开发强度与划分综合发展区、指定用途地带进行特殊控制相结合的方式，来全面管理控制开发强度。

对自然资源的开发是区域开发的重要部分，开发强度反映了资源利用的集约程度，影响经济效益大小，并在一定程度上决定着区域的发展方向。控制资源的开发强度，有利于保护脆弱生态环境，保护历史和特色风貌，实现空间资源的合理有效利用。自然资源开发包括自然资源的开采、初加工、深加工等。从开发程度的角度，可将资源开发分为未开发、弱度开发、适度开发、强力开发和过度开发类型；从自然资源的形成速度与开发速度对比关系的角度，可将资源开发分为缓度开发、适度开发、强度开发三个类型。

（1）自然资源的最优开发模型。1993 年美国经济学家 Hotelling 建立了最早的自然资源最优开采模式，他将资源分为可耗竭性的和可再生性资源两种，并构建了最优开采模型。

第一，可耗竭资源的最优开采模型。假设在完全竞争市场中有一个理性的生产者，即目标是追求利润最大化，且拥有包括未来资源价格在内的完全信息，掌握相关的开发技术。假定资源存量 q_0 是既定的，每个时段的开发量为 q_t，开采成本为 $c = c(q_t) > 0$，其中 $c'(q_t) > 0$，$c''(q_t) \geq 0$，即边际成本递增。生产者求解下列优化模型：

$$\max Z = \sum_{i=1}^{n} \left[p_t q_t - c(q_t) \right] (1 + i)^{-t} \tag{4.12}$$

$$s.\ t.\ \sum_{i=1}^{n} q_t \leq q^0 \tag{4.13}$$

式中，Z 为利润目标，p_t 是 t 时期资源的价格函数，i 是竞争性债券市场上的利率，由最大化一阶条件可得：

$$[p_t q_t - c'(q_t)](1 + i)^{-t} = \lambda \tag{4.14}$$
$$t = 1, 2, \cdots, n$$

其中，λ 是衡量资源牺牲程度的尺度，代表矿区使用费用或使用者的成本（机会成本）。当资源开采成本 $c = 0$ 时，初始的资源价格即矿区使用费，随着时间的变化，增长率等于利息率。

第二，可再生资源的基本特征是能够再生产，且更新能力与现期存量存在密切关系。在有产出的情况下，可再生资源的更新规律可以用函数表示为：

$$\frac{\mathrm{d}R}{\mathrm{d}t} = F(R) - h(t) \tag{4.15}$$

其中，$R(t)$ 为 t 时点的资源存量，$F(R)$ 是资源的自然成长变化量，$h(t)$ 为 t 时点的收获量。再假设 $h(t) = ER$，其中 E 为努力程度或单位成本，则优化模型如下：

$$\max PV = \int_0^t (PER - CE) e^{-\delta t} \mathrm{d}t \tag{4.16}$$

其中，PV 是计划期 T 内的收益净现值，δ 为贴现率，P 为资源不变价格，C 为努力程度或单位成本。由此得出最优存量或种群规模 R^* 对应的最优收获策略的近似表达式为：

$$h^*(t) = \begin{cases} h_{\max} & (R > R^*) \\ F(R^*) & (R = R^*) \\ 0 & (R < R^*) \end{cases} \tag{4.17}$$

当资源存量为 R^* 时，$h^*(t) = F(R^*)$ 是最大可持续收获量。若存量大于 R^*，则可以尽量开发，使资源存量减少到 R^*；若资源存量小于 R^*，则不应该开发利用，使资源存量恢复到 R^*。

虽然这个模型算法简单，容易理解，但无法解释经济增长、资源利用以及环境保护之间的关系，所以后来的学者纷纷提出了相应的修正模型（Fisher，1979；Ayres，1978；Ramsey，1924；Pearl，1925；Lotka，1925；Watt，1968）。

（2）自然资源的开发度模型。自然资源开发度定量地描述了对一定地域内矿产、森林、牧业及水资源等自然资源的开发利用程度。一个国家或地区的资源消耗，是制约发展的基本前提。资源开发主要与资源的储量和性质、技术、开发速度等因素有关，也从可再生资源和不可再生资源两种情况来考虑。

用 REI 代表自然资源开发指数，$UREI$、$RREI$ 分别代表不可再生资源和可再生资源的开发度指数，HI 为二者的协调指数，则自然资源开发度指数可以表示为：

$$REI = \alpha \times UREI + \beta \times RREI + \gamma \times HI \tag{4.18}$$

其中，α、β、γ 为相应变量的弹性系数。

第一，不可再生资源的开发强度可以表示为：

$$Y(t) = f[K(t), R(t), S(t), T(t), t] \tag{4.19}$$

其中，$Y(t)$ 为资源开发函数，$K(t)$ 为资本投入函数，$R(t)$ 为资源消耗函数，$s(t)$ 为资源可替代函数，$T(t)$ 为技术进步函数，t 为时间变量。则不可再生资源的开发强度指数即为：

$$UREI = \frac{dY(t)}{dt} = \frac{\partial f}{\partial K} \times \frac{\partial K}{\partial t} + \frac{\partial f}{\partial R} \times \frac{\partial R}{\partial t} + \frac{\partial f}{\partial S} \times \frac{\partial S}{\partial t} + \frac{\partial f}{\partial T} \times \frac{\partial T}{\partial t} \tag{4.20}$$

第二，可再生资源的开发强度（牛文元，1994）。假设模型处于无限适应的环境中，且遵循典型的指数增长规律，则理想模型为：

$$\frac{\mathrm{d}R}{\mathrm{d}t} = r \times R \qquad (4.21)$$

其中，R 代表生物累积量或存量，t 为时间变量，r 表示纯比率或内禀增率，由于人为的干扰因素存在，模型加入 k 为环境容量，变为：

$$RREI = \frac{\mathrm{d}R}{\mathrm{d}t} = r \times R\left(1 - \frac{R}{k}\right), \qquad (4.22)$$

第三，资源结构协调指数（张覆鹏等，1993）。假设资源空间联系度为 π，时间联系强度为 Ψ，资源开发利用结构指数为 ϕ，则：

$$\pi = \sum_{i=1}^{w}\left(\frac{x_i}{y}\right)^2 \qquad (4.23)$$

$$\psi = \frac{v_i}{v_{i-1}} \qquad (4.24)$$

$$\varphi = \frac{1}{n}\sum_{t=1}^{n}\sum_{j=1}^{m}\sum_{i=1}^{w}\varphi_{ijt} = \frac{1}{n}\sum_{t=1}^{n}\sum_{j=1}^{m}\sum_{i=1}^{w}(N_{ijt} + A_{ijt} + E_{ijt})/B_{ijt}W_{ijt}^{*}$$

$$(4.25)$$

其中，x、y 分别代表元素和系统，i 是其序号，w 代表个数，v_i 代表元素或子系统 i 的阶段变化率，j、m 分别代表系统的层次序号及层次数，包括个体、集体合作、国营、国家等层次，t、n 分别为考察时间及时间跨度，Ψ_{ijt} 代表处于 t 时点 j 层次的经济实体 i 的结构状态，大小由自然资源拥有量 N_{ijt} 与生产性资金与劳力数的比值决定，A_{ijt} 代表生产性固定资产的净值，E_{ijt} 代表生产资金额，B_{ijt} 代表 t 时的标准化单位，即人均基本生活消费额，W_{ijt} 代表劳动力数量。

4.2.3　发展潜力

区域发展潜力是地区在社会、经济、生态环境、制度等各方面都处在良性运转情况下所能实现的最大经济发展程度①，由科技生产、区际交换能力及管理决策能力三要素共同决定。区域发展潜力的支持系统包括资源、环境、人口、经济、社会、科教以及管理调控子系统，并随着空间尺度、地域和发展时段上的差异而不同。

1915 年，英国生态学家盖迪斯（P. Geddes）提出了"区域潜力"一词，其后，美国农业部土壤保持局（USDA-SCS）于20世纪30年代建立了最早的土地潜力评价系统，其后全球各国开始了对不同区域的资源开发潜力评价的理论和实践研究，20世纪60年代针对区域发展潜力评价的理论和实践研究逐渐展开。

在区域发展的不同阶段，影响区域发展潜力的因素是截然不同的：农业经济主导阶段和工业化早期，区域发展潜力的主导因素是自然资源、自然条件及劳动力；工业化社会中，资本、劳动力、基础设施、人力资本及区域战略和政策决定了区域发展的潜力；信息时代或后工业化时期，区域发展的潜力体现在区域宏观政策和机制、政府管理能力以及区域学习、组织和创新等潜在性能力上。区域经济发展的核心是经济增长，西方经济学家在分析区域经济增长的潜力时，将经济发展生产要素的决定作用分为外生和内生两种情况。Arrow、Lucas 和 Romer 等学者，强调人力资本的"知识溢出"效应对促进区域经济增长的重要性，由人

---

① 上海财大区域经济研究中心. 2007 中国区域经济发展报告——中部塌陷与中部崛起 [M]. 上海：上海人民出版社，2007.

的素质、价值观和管理能力构成的子系统在区域发展潜力中处于核心地位；Cooper、Easterly 和 Kraay 等则验证了发展中国家和地区经济增长初期，物质资本的重要性。区域发展潜力的形成是诸多要素包括区域的区位、规模、产业结构、特色资源优势、基础设施完备度和生态环境安全等共同作用的结果。就我国目前的发展情况而言，左右区域发展潜力的最主要因素是地区的经济基础和发展速度，西部地区的发展仍然依赖于区域自然资源、基础设施建设和国家扶持性政策，而东部地区发展的决定性因素在于投资环境和产业结构的优劣。

第 5 章

生态经济学视野下主体功能区的规划

主体功能区规划应遵循生态经济规划理论。生态经济规划经历了历史演化，有一套系统的指导思想、原则、内容和方法。根据目前我国的国情，主体功能区规划可以从地区的生态产业规划入手，以发展生态城市为重点。

5.1 主体功能区规划的思路——生态经济规划理论

5.1.1 生态经济规划的概念和历史演化

生态经济规划，是在遵循生态规律的前提下，对某一空间范围的生态经济复合系统的符合经济、社会、自然规律的综合性规划。其目的在于合理配置生产力，有效地利用资源，提高居民生活质量，使部门、企业、建设和居住地在区域分布上协调组合，发展在现有技术条件下符合生态规律的社会经济结构。生态经济规划是体现了生态、环保绿色空间设计的动态过程，除了对区域

内生态环境的整治恢复，更强调把区域内的既有优势转变为产业
经济优势，并制定出一系列生态化可持续发展的法律、政策、制
度等宏观调控策略，为微观生态经济建设的物质性行为提供约束
机制。

　　生态经济规划思想的萌芽可以追溯到古希腊柏拉图的"理想
国"，欧洲文艺复兴时代有 T·莫尔的"乌托邦"等，但当时的
"生态规划"只是一种朴素的自然生态规划思想。随着工业社会
经济、城市和环境问题的凸显，城市规划的思想在近代逐渐形
成。19 世纪初英国城市规划协会成立，霍华德在《明日的田园
城》中提出了"城市、农村、城市—农村"及"三种磁力"理
论。美国 19 世纪 20 年代编制的纽约地区规划，在很大程度上受
到田园城市的思想影响。同时，苏格兰格迪斯在《进化中的城
市》中，强调把自然地区作为规划的框架，在客观基础上设计规
划，促使其向现代生态规划转变，并在其后美国芒福德《城市的
文化》中得到发展。第二次世界大战后生态规划思想走向成熟，
20 世纪 60 年代初，瓦雷斯提出将生态学的观点及原理作为重要
参考纳入空间规划理论，并在区域及资源规划中第一次应用生态
学方法。1969 年麦克哈格在《协同自然的设计》（*Design with
Nature*）中，系统阐述了生态规划的概念、思想、内容和方法。
20 世纪 70 年代以来，越来越多的自然和社会科学家都积极参与
这个领域的研究，把社会学、经济学和生态学研究融为一体，探
讨生态经济规划中出现的问题。费雪（A. C. Fisher）建立了"自
然环境开发与保护模型"，寻求地区最优开发与保护的比例。20
世纪 80 年代初，中国的马世骏和王如松（1984）提出了社会—
经济—自然复合生态系统理论，将人类活动区域视为由社会子

系统、经济子系统和自然子系统复合而成的系统，丰富了生态规
划的内容，并提供了有效的方法论。

5.1.2 生态经济规划的指导思想

（1）发挥地区生态经济系统的整体功能。区域系统客观存
在着自我调节机制，能够使物流、能流在自然力的作用下，自发
地在系统各部分之间有序运行，保障整体功能正常发挥，经济和
社会稳定发展。当新的生态经济系统建立以后，人为的经济、管
理、技术手段往往超出自然生态系统的自我调节能力，破坏了原
有的平衡状态。因此，生态经济规划的任务在于全面正确认识生
态、社会、经济系统的规律，构建使系统良性循环的协调高效的
信息反馈机制。

（2）维持区域生态经济系统的动态平衡。区域生态经济系
统的构成要素非常繁多、复杂，它们在系统中相互联系、相互制
约但又相对独立，占有各自的地位，共同形成有序、立体的网络
式结构。这一区域系统始终在"平衡—不平衡—新的平衡"的
矛盾发展中，其结构和功能也在矛盾运动中逐渐提高。因此，在
宏观管理中，要坚持系统动态平衡的原则，采取必要的措施打破
原有的低效率运行状态，建立起生态经济系统新的高水平的平
衡，使其运行更稳定有效。

（3）促进生态经济系统的效益。衡量区域生态经济系统的
三条主要标准，一是自然生态系统的平衡和稳定，包括再生资源
的永续利用、非再生资源的合理利用，以及区域的宜居性；二是
经济系统的合理和有效，包括生产成本、盈利能力、经济效益；
三是社会系统的结构，包括社会职能机构的社会效益和文化的繁

荣。建立区域生态经济的良性循环不仅要着眼当前，更要面向未来，将生态经济系统看作动态的资源有机体，为经济社会发展提供物质和能量。从现有的物质条件、科技水平和社会需求来衡量，保证最佳的生态、经济和社会效益组合。

5.1.3　生态经济规划的原则

（1）整体性原则。生态经济规划旨在探索区域生态经济大系统的最佳运转状态，并据此设计各子系统。从总体来看，各个子系统最佳规划的简单叠加，并不等于整个区域的最佳规划，只有各部分的相互兼容和协调配合，才能保证整体的良好运转。交通、通信、电力三大基础设施网，共同奠定了地平面上产品、技术、人才和信息流动的物质基础，不同规模的商业网点正是网络的节点，而区域的规模与地位则取决于网络的疏密和流量的大小。另外，区域生态经济规划涉及生产力、生产关系以至意识形态，所以其设计是一个立体交叉的多维空间网络，它涉及的范围包括有效组织区域内的生产、生活、环境保护和方方面面，是多因素的、动态复杂系统。

（2）层次性原则。生态经济规划根据适用范围，可以分成区域整体规划、分地区规划和城乡规划三个主要层次。区域整体规划重在合理布局生产、人口，协调资源开发、环境治理和生态保护的关系，从宏观上确立既定时期的发展总目标，用全局性指标如经济增长率、收入增长速度，各部门结构比例等描绘区域发展。分地区规划以总体规划为指导，结合本地的特点发挥区域整体结构的潜在优势，包括区域行业规划，开发重点，内部结构和不同时期的目标以及相应政策等。城乡规划，特别是城市规划，包括污染行业治理、适应性体制改革、重点企业规划、自然保护区规划等。不论大小，各个区域和层次的规划构成了生态经济规划的有机整体。

（3）功能结构性原则。功能是系统结构的外在表现，是系统与外部环境进行物质、能量和信息交换的能力和秩序，区域的功能与结构是区域生态经济系统的两个相对方面。从某种意义上说，区域生态经济规划就是为了通过设计合理优化的结构重新组合，达到最佳的区域功能。合理的生态经济社会结构应当是，充分利用人力、物力、财力；节约使用自然生态资源；经济稳定增长的同时，科学技术、劳动生产率水平得到提高，生态环境改善、人民生活和精神文明也在进步。作为全国大系统的一个子系统，各区域应统筹安排，共同完善全国系统的整体协调性，而不可能任何产业都自给自足，追求独立完整的生态经济社会体系。

（4）开放协调性原则。生物有机体之所以能保持生命力，在于其开放性。同理，区域的生存和发展也不能缺少与外界的物质、能量和信息交换。区域生态经济规划要保证物质、能量、信息和人员流动的畅通，促进区域内外交流。一方面，是区域本身生态、科技、经济与社会协调发展，另一方面，是区域与周边区域和大环境的协调发展。各级政府制定宏观决策，应当避免重经济轻生态的倾向。国家科学技术委员会已将生态科学和环境保护技术划定为高新技术，遵循生态、经济、科技、社会的协调发展是贯穿区域规划的根本原则。同时，各省、市、地区的发展如果不与全国相协调，就不可能得到真正的发展，如对大型江河湖库和水土保持的治理规划，区域协调成为关键。

（5）超前性和最优化原则。区域生态经济系统的结构是相对稳定的，生态经济规划需具有一定的超前性，才能满足未来的需要。这种超前性由生态环境演化方向、社会需求、经济建设目标和生产力水平决定，并处在不断调整中。但同时，这种调整是与一定阶段性相适应的积累过程，因此又要求区域生态经济规划具有一定的稳定性。生态经济规划的方案需要根据多种指标及评价标准来权衡，是在多方案的比较后确定的，在一定条件下尽可能满足多目标要求的最佳方案。因此必须具有实用性、目的性、适用性、理论性、指导性。

5.1.4　生态经济规划的内容

（1）区域生态经济情况的调查与分析。全面翔实地了解区域实情，发现并分析地区发展的问题和矛盾是正确选择发展战略的基础，生态经济规划的制定首先需要在实地调查的基础上，全面深入了解地区生态经济系统和社会发展状况。对区域整体情况的调查包括区位条件、自然地理条件、生态环境情况、经济发展现状和社会发展状况，在此基础上综合分析评价，明确三个方面：一是区域内各类资源的空间组合状况及地域的外部环境及其在全国发展中的地位；二是对区域经济、生态、社会持续发展产生影响的优势、劣势、发展潜力和机会，以及影响的程度；三是区域目前所面临的重大问题、存在的主要生态经济问题、产生原因及解决办法。

（2）规划的目标选择。合理地选择发展战略，能够调动各个因素的积极性，促进区域有序发展，需要充分发挥人的主观能动作用。战略选择既要有社会经济发展的方向，也不能忽略生态环境建设，相应的启动机制、动力机制、调控机制和总体部署则应与当地实际,上级规划和所处时期相适应,且针对不同层级和阶段,有必要准备数种方案。指标须将定性分析和定量分析结合,但以定量为主。

(3)生态经济分区与规划布局。生态经济分区的依据是生态经济系统的地域差异、区内相似度和所处的发展阶段。规划指标体系包括生态经济成本、生态经济平衡和生态经济效益三个方面,通过指标之间的衡量及对比,将水平相似或相近的区域归入同类区。在分区基础上扬长避短,优化配置,进行规划。区域资源和环境的高效利用是经济发展的前提,可以利用经济、政策手段使生产要素向能够得到充分利用的区位集聚和转移,规划布局的重点是工业、农业、城镇布局和相应的人口交通、布局。

(4)重点建设和主要领域规划。区域发展的趋势越来越倾向于生产的专业化、社会化和消费的多样化。区域生态经济规划涉及的领域有发展生态农业、生态工业、生态服务业等产业调整升级,保护耕地、保护脆弱生态系统、防灾能力建设等环保产业以及改善能源结构和住区环境建设等许多方面。因此,在规划中,需要在人力、物力、财力有限的情况下,重点突破、有步骤、分阶段地完成。重点建设领域应获得足够的重视,应视具体情况做增、减、交叉、合并,并制定专题(子)规划。另外,要侧重于产业结构不同阶段主导产业和政策的制定,以提高经济发展的远期效益为目标,而不能只追求产业的发展平衡。

(5)经费概算与效益分析。确保经费来源,合理安排经费预算,是保证区域生态经济建设顺利实施的重要环节。经费概算包括部门规划预算和总体预算两部分。生态经济规划的效益体现在经济、生态、社会三个方面——经济效益分析：生产力水平、人均产值、人均收入、总产值、总利润、系统的抗干扰能力和资源利用的合理性、物质能量的利用水平、系统价值产投比、产业结构等；生态效益分析：生态系统结构合理程度、自然资源利用效率（土地利用率、光能利用率、能量产比）、绿色植被覆盖率及环境污染降解和自净力、环境优美舒适度等；社会效益：居民物质文化生活的提高、社会人员素质提高，生态意识增强，区域的科技和文教水平提高的程度，区域信息反馈系统效率和决策支持系统的先进程度。

（6）规划的保障措施和社会经济调控。立足规划区域的生态经济现状、实际问题和规划的目标要求，制定与之相对应的对策措施，包括经济、法律、行政措施以及融资、国际交流合作等，其中科教事业、人力资源开发和生态经济政策的调整最为重要。社会经济调控指通过社会经济组织，按照发展战略的要求，对区域社会经济活动进行调节和控制，如优化政府行为、强化基础设施、控制人口数量、调整人口结构、提高人口质量等。科学的社会调控是规划编制的出发点和归宿，也是区域发展战略的保障。

根据具体需要，区域政府还应当制定不同专题的区域生态经济规划，内容包括自然资源评价、地域的地位和环境分析、人口分析预测、农业研究、工业研究、经济发展道路、产业发展研究、生产力布局研究、市场预测、投资分析、劳动力和专业人才研究、科技和教育研究、能源供求研究、农业工程建设、城镇建设、生态产业化研究等。

5.1.5　生态经济规划的方法

5.1.5.1　系统分析方法

系统分析是将系统论的思想和方法应用到具体专业领域，通过分析、设计、组织、实施等步骤使组织管理获得最高效益，常等价于系统工程，既是描述、设计、优化系统的手段，又是解决系统问题的方法。系统分析具有因素众多、规模庞大、结构复杂、综合功能的特点，随着科技进步，逐渐将科学理论、人的经验智慧、数学模型和计算机等高科技设备有机结合起来，开发出过去不为人们所知的复杂系统。

系统分析过程由三个阶段组成：一是问题分析阶段，主要是阐明问题的描述性工作；二是势态和方案分析阶段，包含谋划方案、预测未来、模型分析三个工作环节，分别对工作方案策划和对解决方案进行策划、对系统将经过的途径和环境与系统结构、子系统与元素之间的变化态势进行预测以及构筑解决问题的模型并分析方案执行的后果，如成本代价、收益、风险等；三是策略分析阶段，充分比较、反馈和修改备选方案。

5.1.5.2　目标规划法

数学规划方法是生态经济规划中一大类系统优化方法，包括线性规划、非线性规划、动态规划、随机规划和模糊规划等，目标规划法是属于数学规划方法，是一种常用的有效构模、求解、分析多目标系统问题的方法。

通过决策变量的变化达到目标规划中的最优目标，也称理想目标。理想目标的数学表达为 $\max f(X)$ 和 $\min f(X)$，配上期望值 b 成为现实目标，数学表达式是 $f(X) \geqslant b$；$f(X) = b$；$f(X) \leqslant$

b；X 的约束条件在通常被当作一组特殊的现实目标。

目标规划的统一基础模型为：

$$\max f_r(X) \tag{5.1}$$

$$\min f_s(X) \tag{5.2}$$

X 需满足：　$f_j(X) \leqslant b_j$（或 $= b_j$，或 $\geqslant b_j$），且 $X \geqslant 0$

基础模型是根据问题实际情况来构造的，对其求解需要通过转换形式，常用的转换有两种方式。

一是从基础模型向单目标数学规划模型的转换，将多目标规划问题转化为单目标规划问题来求解。首先从式（5.1）和式（5.2）中选出单目标规划问题的目标，即系统问题中首要和关键的理想目标，然后将未入选的理想目标转换为单目标规划问题中的约束条件，用期望值作右端项。

二是将基础模型转换成标准的目标规划模型。第一步把所有的理想目标转换成现实目标，即把式（5.1）和式（5.2）变换成 $f_j(X) \leqslant$（或 $=$，或 $\geqslant$）b_j 形式；第二步在所有现实变量中引入正负偏差变量（η_j 和 ρ_j），从而转换为等式。求解目标规划问题，就是使引入的正负偏差中，不希望的偏差最小化。

偏差变量 η_j 和 ρ_j 为我们提供了衡量一个现实目标未达到程度的方法，如表 5-1 所示。

表 5-1　　　　　　　　　偏差最小化规则

加偏差前的目标形式	加偏差后的目标形式	必须最小化的偏差变量
$f_j(X) \leqslant b_j$	$f_j(X) + \eta_j - \rho_j = b_j$	ρ_j
$f_j(X) = b_j$	$f_j(X) + \eta_j - \rho_j = b_j$	$\eta_j + \rho_j$
$f_j(X) \geqslant b_j$	$f_j(X) + \eta_j - \rho_j = b_j$	η_j

5.1.5.3　系统动力学方法

系统动力学方法被称为"社会经济战略实验方法"，结合了管理科学、系统论和控制论，兼备理论性和实用性，实践中被广泛应用于规划研究。这一方法由美国著名管理学家福雷斯特创立，他认为，人和物质都是系统中为了共同的目的而运行的组成部分，系统运行中存在的矛盾、社会科学的争论问题和意义模糊的事物都可以用系统原理知识做出一定的解答，社会系统观察结果的条理化也需要将反馈系统的原理作为基础。关于模型与仿真，他指出，模型代表了系统或客体，为了不同的服务目的，模型可以采用多种形式。虽然对事物表述的精确程度不完全相同，但思维性和描述性模型都从不同的侧面来说明事物。仿真是用以描述系统变化的方程，计算出系统未来状态的求解过程。仿真模型是仿真过程所用方程的总称，由于它能够迅速和方便地给出模型所代表的实际系统行为，在现代科学决策中发挥重要的作用越来越大。特别地，对于处理随时间而变化的复杂系统，数学仿真模型具有不可替代的优势，即能够弥补凭直觉获得的动态系统思维模型的缺失。

系统动力学为评价动态系统模型的正确性及有效性提供了标准，即从结构的清晰度、揭示基本假说的作用、随时间变化结果的可靠性和动态模型交流结构的有效性四个方面考察。

5.1.5.4　经济计量方法

经济计量方法是一种建立预测模型和地域宏观经济分析的常用方法，通过对从实践中抽象出的经济变量关系建立经济计量模型来解释或指导实际问题，其理论基础是计量经济学。该方法对应着四个步骤：第一步建立经济模型。按照经济学理论和假设，将经济问题抽象表达为单方程式或联立方程式。单方程模型包含一个因变量和若干个解释变量。联立方程模型中，内生变量的值由模型决定，个数与模型包含的方程个数相同，外生变量的值则被当作已知条件输入模型，对内生变量产生影响而自身不受其影响。经济理论决定了变量的选择、方程形式和参数取值范围。第二步参数估计。根据加工过的有关数据资料，运用计量经济技术对模型参数进行估计。计量经济学提供了许多参数估计方法。对于用单一方程的回归模型，最常用的参数估计方法是最小二乘法，另外还有广义最小二乘法、工具变量法和最大似然法。对于联立方程模型，可采用普通最小二乘法或有限信息估计法和完全信息似然法等。第三步可靠性验证。根据经济学和统计学理论对已得出参数估计值的模型进行检验，考察模型参数的符号和取值是否符合经济规律，包括显著性检验、自相关性检验、异方差检验、多重共线性检验。第四步模型应用。运用建好的计量经济模型解决实际问题，用于经济结构分析、经济预测和政策评价等。其中经济结构分析的意义在于衡量参数和外生变量的变化导致内生变量改变的程度，如乘数分析和弹性分析。经济预测时往往需要根据实际中的异常情况调整模型中的常数项。政策评价目的在于挑选特定情况下的最佳政策。

5.1.5.5 情景分析法

现代社会不确定性因素对社会、经济和自然的影响越来越大，情景分析建立在合理推测的基础上，试图刻画对象系统将来可能的情景。情景分析本质上是一种系统分析方法，具有灵活性，并间接地影响未来，强调预测未来条件变量和行为选择变量所导致的状态变量的改变方式和可能性空间的大小。情景分析有以下八个基本步骤：确定情景分析的主题目标、分析并构造主题的影响区域、确定描述影响区域的关键变量、构建可能的满足自治条件的对象系统变化趋势集合、选择并解释环境情景、引入"突发事件"以检验其对未来情景的影响、详细阐明主题情景、执行计划。

　　情景分析通常要借助定量模型构筑主题情景，情景分析模型具备帮助分析者定量建构可能的主题情景、分析突变事件干扰和优化决策者行为选择的功能。关于模型的建立，首先，需要找出适当的特征变量，正确描述主题情景；其次，是筛选出主题情景形成的关键因素和必要条件，构建与特征变量间的关系方程；最后，进一步发掘关键原因变量的环境条件变量及行为选择变量，建立关系方程。

5.2　主体功能区生态规划的途径——生态产业

5.2.1　生态产业的设计

　　生态产业的设计的终极目标是提高人的物质生活和精神生活水平，使人与自然和谐共存。设计可以分为宏观和微观层面，前者是指区域产业经济规划，是建设部门或地区的生产能力，调整产业结构的手段；后者则是指产业实体设计，旨在为企业提供具体的产品或工艺的生态理念下的工程、评价、设计及管理方法，提升企业竞争力和管理水平。

5.2.1.1　区域水平产业经济规划

区域产业经济规划在设计中应当遵循可持续性、结构平衡、和谐共生、公平、人文原则及原景观原则。具体来说，即以维持或恢复区域原生景观功能为前提，充分利用景观优势的特征，在地区资源承载力范围内确定产业的资源消耗水平，并保证经济实体、机构和居民拥有平等地享受自然资源的权利，同时平等地承担生态建设的义务。设计的终极目标是提高人们的物质和精神生活，人类与自然界其他生命和谐共存。

区域生态产业规划包括六个步骤：第一，区域资源调查又包括自然资源、经济资源和社会资源调查。通过对区域产业发展的物质基础、运行主体和发展环境的充分了解，为区域的资源承载力核算提供工作基础。第二，生态适宜性分析。根据发展目标分析资源环境要求，综合生态、经济、农业、地理等学科方法，划分出不同的适宜性等级，为区域的产业规划提供决策依据。第三，资源承载力分析。对水、土地、生物和气候资源等基础物质资源进行承载力分析是避免区域资源耗竭的重要前提，也是合理的产业规划的一部分。主要方法有能值分析法，生态足迹法，生态承载力计算法等。第四，生态产业规划。在前面工作的基础上辨识区域产业优势，兼顾各个产业结构匹配，功能协调，过程衔接，实现复合效益以及物质的闭合循环。第五，复合效益评估。复合效益包括经济效益、生态效益和社会效益。为避免以破坏环境为代价，而将环境和社会的成本纳入评价范围，改变单纯追求经济效益的短期行为，其有效方法是能值分析。第六，可持续性评价。是界定、明确可持续发展目标的必要手段。联合国环境与发展大会以来，可持续发展研究形成了单指标或复合指标与多指标或指标体系两类评价方法。前者如原国民经济核算体系（SNA）的修正、人类活动强度指标（HAI）、发展贡献指数、生态价值、真实储蓄、生态足迹净初级生产量、"净初级生产量的人类占用"等指标；后者包括"压力—状态—影响—响应"框架（PSR）、信息金字塔、"反应—行动"循环（RAC）、Daly 三角形等。

5.2.1.2　生态产业设计的原则和步骤

生态产业设计的实质是实现物质的循环利用，除了遵循循环经济减量化（reduce，资源投入最小化）、资源化（reuse，废物利用最大化）、无害化（recycle，污染排放最小化）和重组化（reorganize，生态经济系统最优化）的 4R 原则以外，还有自身的基本原则，包括横向耦合、纵向闭合、区域耦合、社会整合、功能导向、能源替代、信息开放、人类生态等，力求实现资源的可持续利用和对环境影响最小和劳动者身价值的实现。不同工艺流程、生产环节间的横向耦合，企业内部的功能组合，产业生态复合体以及功能一体化使得资源共享、循环共生成为被广泛接受的新理念。除了提供生产功效，企业也逐渐把目标转向为社区提供生态服务。新能源的开发、信息及技术网络的进步、生命周期管理和有害污染物的全回收、零排放，使污染的负效益转变为资源正效益，另外，对劳动的评价，由一种投入成本，到劳动者实现自我的途径的改变，也是生态产业的价值观升华。

生态产业产品设计的关键，在于在对企业产品"从摇篮到坟墓"生命周期过程的设计中，每个环节都减少对外部环境的废物排放，在企业内部以至产业界内创造出"生产—消费和维护—回收—再生产"的循环体系。设计分为四个阶段：第一，产品生态辨识。建立产品参照模型，根据产品寿命期内受到的环境影响进行定量和定性的识别，进行生命周期评价。第二，产品生态诊断。确定参照产品潜在的生态环境影响及来源，如资源能源消耗、全球性环境压力，以及职业健康和生态系统健康等方面的综合评价。第三，产品生态定义。使产品的商业价值中包含生态环境价值，确定影响产品竞争能力的生态环境参数并制定产品具体的生态规范。第四，生态产品评价。改善产品环境特征的技术方案，设计出环境友好新产品，再次进行生命周期评价和生命周期工程模拟分析，并提出改进方法。

生态产业的过程是优化调整资源利用、多次重复的过程，而资源的最优使用基于可持续性、集约使用两大战略。这两种战略使生产和运输过程大量地减少了物质和能源的消耗，并引起就业机会的增加和质量的提高。可持续性战略降低了资源流动的速度，延长了产品的使用寿命。物质财富的集约使用则是最好的非物质化战略之一，它使得竞争力不再依赖廉价劳动力和大规模生产，材料和能源消耗的降低导致制造成本大幅下降，技术、经验以及职工队伍的素质、才能和良好的机动性成为最重要的资源。

5.2.2 生态产业的定义

在传统的产业中，企业从环境中获得原材料，经过加工生产出商品，最后将大量废弃物排放到环境中去，这种对自然掠夺性的开发造成的后果是可怕的生态危机。生态危机的实质是资源的失衡：一边是资源的耗竭，另一边是"垃圾"——生产副产物的堆积。对于"垃圾"的处理，传统产业采用了末端治理的方式，但这种先污染后治理并没有从根本上消除污染，而仅仅是将污染物从一种介质向另一种介质的转移，所以也就无法真正解决复杂的环境问题。因而探索新的产业运作方式，成为应对日益紧迫的地区性乃至全球性的重大环境问题的根本出路。

生态产业是按生态经济原理和知识经济规律组织起来的基于生态系统承载力、具有高效的经济过程及和谐的生态功能的网络型、进化型产业。其基本运作单元是产业生态系统，以社会服务功能为经营目标，通过对不同行业的生产工艺横向耦合的同时将生产、流通、消费、回收、环保和能力建设纵向结合，使物质和能量多级利用、高效产出，力求实现资源的可持续生产。

从生态产业与传统产业的比较，可以看到生态产业明显的优势和发展前景，如表 5-2 所示。

表 5-2　　　　　　　生态产业与传统产业的比较

类别	传统产业	生态产业
目标	单一利润、产品导向	综合效益、功能导向
结构	链式、刚性	网状、自适应型
规模化趋势	产业单一化、大型化	产业多样化、网络化
系统耦合关系	纵向、部门经济	横向、复合型生态经济
功能	产品生产	产品 + 社会服务 + 生态服务 + 能力建设
产品	对产品销售市场负责	对产品生命周期的全过程负责
经济效益	局部效益高、整体效益低	综合效益高、整体效益大
废弃物	向环境排放、负效益	系统内资源化、正效益
调节机制	上部控制、正反馈为主	内部调节、正负反馈平衡
环境保护	末端治理、高投入、无回报	过程控制、低投入、正回报
社会效益	减少就业机会	增加就业机会
行为生态	被动、分工专门化、行为机械化	主动、一专多能、行为人性化

类别	传统产业	生态产业
自然生态	厂内生产与厂外环境分离	与厂外相关环境构成复合生态体
稳定性	对外部依赖性高	抗外部干扰能力强
进化策略	更新换代难、代价大	协同进化快、代价小
可持续能力	低	高
决策管理机制	人治、自我调节能力弱	生态控制,自我调节能力强
研究与开发能力	低、封闭性	高、开放性
工业景观	灰色、破碎、反差大	绿色、和谐、生机勃勃

5.2.3 生态产业分类

对于生态产业的分类,研究者们并没有得出确切的统一的标准,根据产业的结构和功能,模拟生态系统的划分方法,可以将生态产业大体分为五类:一是以光合资源和矿产资源生产为目的的自然资源业;二是以制造物质、能量产品为目的的有形加工业;三是以提供社会服务为目的的人类生态服务业;四是以研究、开发、教育和管理为目的的智力服务业;五是以物资还原、环境保育和生态建设为目的的自然生态服务业。下面分别介绍一下我国生态第一、第二、第三产业中发展较为成熟的生态农业、生态工业和生态旅游业。

5.2.3.1 生态农业

农业是国民经济的基础,但传统的高能量、高污染的"石油农业"破坏了生物资源、土地资源和水资源等重要的资源,因此,农业生态系统的可持续发展是产业生态化的重要内容和目标。生态农业是指建立在遵循生态规律、保护生态环境和人居环境和谐的前提条件下的农业经营模式，是人们所追求的代表农业未来前进方向的农业经营模式，也是人类走向生态文明的农业经营模式，又被称为有机农业。

生态农业的发展兼顾生态效益与经济效益，遵循生物与环境协同进化、生物链制约、能量多级利用、物质循环再生、结构稳定性及功能协调性原理。首先，经济效益和生态效益既有一致也有背离的关系，要求生态农业在合理配置土地和资源的同时，也要充分利用劳动力，合理调整经济结构，并突破自然经济范畴，向专业化、社会化转变。其次，食物链和食物网体现了生物和环境的密切联系，双方在生态系统中相互作用、协同进化，而生态农业正是在其物质能量流动、转化的过程中，发掘并构造了价值增值链，因地制宜，开发潜力。最后，生态农业必须遵守生态规律，维护自然生态系统在长期的进化和演变中建立的相对稳定的结构。发挥生物共生优势，利用生物相克趋利避害和利用生物相生相养。

生态农业以发展大农业为出发点，综合规划农、林、牧、副、渔各领域，建立最佳农业生产结构。它以生物组分为核心，以自然—社会—经济复合系统为载体，强调系统的整体性和协调性。一方面，对内部深度开发生产潜力，建立开放的生产技术体系，对外部则着重开发土地和拓展其他资源；另一方面，通过食物链网络化和农业废弃物资源化来充实生态位，以增强生态系统的稳定性，优化系统结构，提高其资源承受力。

由于我国地域辽阔，区域多样性和复杂性导致各地区因地制宜发展起来的生态农业模式也十分丰富，大体可分为种养殖业复合系统、以沼气为纽带的农产品消费及物质循环和能量利用以及种植—养殖—加工复合模式三类。生态农业适合我国的国情，有

利于保护农村生态环境，扩大农业就业，用价高质优品种多样的
农产品打开市场，推动农业改革。

5.2.3.2　生态工业

工业革命以来，工业化主导了人类社会，它曾极大地增进了
人类的福利，创造了现代工业文明和物质财富的天堂，但也使人
类走向自然的对立面，走到环境崩溃的边缘。传统工业是一种高
开采、低利用、高排放"资源—产品—污染排放"单环运动的
线性经济，虽然末端治理试图尽可能地减少污染，但真正重构了
工业系统的，却是生态工业。"资源利用—清洁生产—资源再
生"的封闭型物质能量循环，使经济生产能够在低消耗、高质
量、低废弃的前提下，高效有序地运行。

生态工业是遵循生态规律、经济规律和系统规律的，依托先
进科技和管理理念的综合工业发展模式。生态工业体系由各产业
或企业间的承担着物质、能量逐级传递任务的工业生态链或生态
网络构成，宏观上耦合工业系统和生态系统，促进物质流、能量
流、价值流、信息流和人力资源的有序运转，微观上则提高子系
统能量转换和物质循环效率，达到宏微观的动态平衡。生态工业
不受地域限制，可以实现资源区域共享，并具有清洁生产的规模
经济效应。

生态工业有四个重要运行机制。第一，开拓适应与竞争共
生。在效率法则的支配下，生态工业系统与其他社会子系统争夺
资源、参与市场竞争。而在内部，一方面，环境因子及容量影响
着工业系统对能源的利用和企业数量，工业系统则对环境逐渐适
应并利用；另一方面，各相关企业在循环经济中分别充当"生产
者""消费者"和"分解者"的角色，构成了和谐共生的有机整

体。第二，乘补协同与连锁反馈。生态工业系统的有序运行来自于系统内部子系统之间的协调，使其在宏观结构上通过自组织方式形成有序的整体效应。但从协同学角度看，反馈机制在对生态工业自组织演化进程中出现的偏离行为所进行的调控十分重要。第三，生态发育与循环再生。这是生态工业持续发展的根本动因。生态工业倡导企业从"产品经济"走向"功能经济"，即最大限度地利用产品的使用价值，优化产品、服务功能、财富管理的非物质化经济。第四，多样性主导与最小风险。生态工业经济的不确定性来自生态环境要素以及上、下游企业的经营等，其稳定性受到工业食物链的数量、产业关系和新增产业的影响。因此，生态工业系统应增加柔性，以优势组分和拳头产品为主导，以多元化的结构和多样化的产品为基础提高稳定性。

核心产业是生态工业产业链中的主导链，是链接区域内其他产业，组成生态工业网络系统的基础，且生态工业建立在关联（物质、能量流的传递流动关系）产业的基础上。因此，在推动区域生态工业时，应首先选择有特殊资源优势、产业优势或多类别产业结构的区域，以及具有发展前景和竞争力的朝阳产业作为核心产业，保证核心资源的稳定性，并需要政府的政策扶持和协调。

5.2.3.3 生态旅游

生态旅游是一种到自然地区的责任旅游，它可以促进环境保育，并维护当地人民的生活福祉。具有保护自然环境和维系当地居民双重责任的旅游活动，强调保护生态旅游地的生物多样性和生态环境的原生性。在绿色消费浪潮中，生态旅游已成为一种时尚。

与传统的以娱乐消费、观光享受为目的大众旅游相比，生态旅游以自然为取向，兼顾自然保护和发展，具有自然性、保护性、参与性和专业性。生态旅游具有很强的原生态性质，改变了以消费者为中心的旅游模式，将资源价值纳入成本核算，提供给旅游者更多的生态享受服务和生态体验。

生态旅游服务系统由供给系统、需求系统和生态旅游市场三部分构成。供给系统即生态旅游的上游产业，包括生态旅游产品、生态旅游服务和生态旅游教育。需求系统是旅游活动的原动力，包括客源、旅游行为和旅游者结构的需求方面的因素集合。生态旅游的市场营销涉及生态旅游产品和服务的定价、促销、规划、实施过程，包括产品开发、设计和售后一系列经营管理活动。作为市场的组成部分，它的竞争来自于供给系统对旅游资源和客源的争夺，并遵循市场机制。

生态旅游开发首先要遵守保护第一，适度开发的原则，杜绝竭泽而渔的做法，将景区环境监测结果纳入管理措施。开发质量重于数量，游人数量不能过多，并且应该培养良好的行为规范。旅游消费给当地带来较高的经济收益，而当地居民和政府也应该并将部分收益投入到资源环境保护中，保证旅游者获得满意的体验，实现双赢。最后，生态旅游应当注重自然和人文的教化意义，增进游人对自然和文化的理解和欣赏，并加强对当地政府、社区、组织以及行业的教育。

5.3 主体功能区生态规划的重点——生态城市

5.3.1 生态城市的概念

"生态城市"（eco-city）的概念是在 20 世纪 70 年代联合国

教科文组织发起的"人与生物圈（MAB）计划"研究过程中提出的。该计划提出，要开展城市生态系统研究，内容涉及城市人类活动与城市气候、生物、代谢、迁移、空间、污染等①。生态城市被定义为：从自然生态和社会心理两方面去创造一种能充分融合技术与自然的人类活动的最优环境，诱发人的创造力和生产力，提供高水平的物质和生活方式。美国理查德·雷吉斯特在《生态城市伯克利》中将生态城市定义为生态健康城市，是紧凑、充满活力、节能并与自然和谐共存的聚居地②，增加了生态城市的可操作性。罗斯兰则认为，生态城市是各种理论的大综合③。我国学者如黄光宇（1992）、黄肇义（2001）等也对生态城市的定义进行补充和完善。

生态城市建设注重人与自然的和谐和发展运作的高效，是城市发展的必然，作为一个新概念，随着文明和社会的发展，生态城市的理念和研究也逐渐深入。生态城市具有和谐、高效、可持续发展和区域性等特征，应包括城市和周围的农村地区，是一个相对开放的与周围相关区域紧密相连的，而不是一个封闭的系统。城市生态系统的结构、功能和谐调度三个方面相互依赖、共同作用，整体上不可替代，从系统论的角度看，生态城市朝结构合理、功能高效、动态平衡的自然—经济—社会复合生态系统发展。生态城市通过组织、管理、维持运作机制的自我完善，构建

---

① 黄肇义，杨东援. 国内外生态城市理论研究综述［J］. 城市规划，2001，25（1）：59－66.

② Register R. Eco-city Berkeley：Building Cities for A Healthier Future［M］. CA：North AtlanticBooks，1987：13－43.

③ Roseland M. Dimensions of the Future：An Eco-city Overview［M］. Eco-city Dimensions，Edited by Roseland M. New Society Publishers，1997：1－12，34.

高效协调的城市生态系统，具备良好的生产、还原能力和生态风险预警防范功能。在生态城市中，自然资源得到合理利用和保护，经济的增长首先要保证增长的质量，并以环境容量和生态承载力为限度。在社会方面，生态城市建设除了自然的生态化，还要建立人类社会的生态化，生活质量、人口素质及健康水平需要与社会进步、经济发展相适应，实现文化、教育、道德、科技、法律、制度等的全面生态化，建立公平、安全、绿色的社会环境。

5.3.2　生态城市系统的分析

5.3.2.1　生态城市系统的构成和特点

生态城市是由经济、社会、自然环境和基础设施构成的复合生态系统。具体来说，自然生态系统是指居民赖以生存的自然环境，以生物与环境的协同共生及环境对人类活动的支持、缓冲、净化及容纳为特征，包括阳光、空气、气候、森林、土壤、淡水、动物、植物、微生物、矿藏、能源以及自然景观等。基础设施系统是承载居民生产、生活，为其提供场所、环境、设施的物质基础，包括道路、建筑、公共场馆等硬件基础设施以及教育、医疗和保障的软件设施。经济系统是由生产、交换、分配、消费过程中的各个环节通过技术路径耦合而成的，包括工业、农业、建筑业、商业、金融业、贸易业、科技知识产业、运输、通讯等，各子系统通过物流、能流、人流、信息流、价值流相互作用，协调运作。社会生态系统是人类及其活动共同形成的非物质生产的组合，涉及生产、生活各方面，如文化、艺术、道德、宗教、法律、制度、服务等。

生态城市系统具有耗散结构性、内部共生性、系统内部非线性作用、系统环境复杂、地域性和动态性。生态城市系统是一个开放的耗散结构系统，它需要与其他城市和地区保持交流和互动的联系，来维持城市自身的新陈代谢功能。四个子系统之间相互依存和制约，存在着复杂的反馈作用，随着城市的产生而共同产生，且伴随城市的发展而共同变化。另外，系统外部环境也对城市的发展进程产生越来越大、多方面的影响。地域差异决定了各个生态城市不同的发展轨迹，因此，生态城市建设必须因地制宜，在动态的均衡中寻求可持续发展。

5.3.2.2　生态城市系统的功能

表 5 - 3 总结了生态城市系统构成中各个子系统的基本功能。

表 5 - 3　　　　　　　　　生态城市系统基本功能

功能	社会子系统	经济子系统	自然子系统	基础设施子系统
生产	各种人文资源如劳力、智力、体制、文化	获得物质产品、精神产品、中间产物和废弃物的生产过程	光合作用、化合作用、次级生物生产力、水文循环	能源产出（热能、光能、电能等）
消费	共享信息文化、获得情感	消费生产资料和生活用品	摄食与寄生、资源能源消耗与代谢、污染退化	占用各种基础设施
还原	保险、治安、道德约束	供需平衡、市场调节	光合作用的碳氧平衡、自净功能、大气扩散功能、土壤吸收、降解、转化功能、生态恢复	

资料来源：景星蓉，张健，樊艳妮. 生态城市及城市生态系统理论 [J]. 城市问题，2004（6）：20 - 24.

生态城市系统有生产、消费和还原三个基本功能。动物、植物和微生物自身的新陈代谢好与环境的物质能量交换，是城市生态系统最基本的自然生产功能；经济生产包括自然生产和物质再生产过程，在生产成品的同时也产出各种废弃物；社会生产，生产出各种人文资源。在满足最基本的生理需求的前提下，人们追求精神的享受和个性的发挥，以及广泛的社会联系。还原功能包括资源的持续供给、环境的缓冲容纳能力和人类社会的组织调节能力。除此之外，生态城市系统还有服务功能，这一功能以自然生态系统提供的资源、能源及生物多样性为基础，城市生态系统对其进一步加工，给人们提供高附加值产品。其中，文化服务功能对和谐健康的城市生态系统的支撑，显得尤为重要。

5.3.2.3 生态城市系统的运行机制

作为主要的四个子系统，自然生态系统的平衡是基础，基础设施系统的完善是保障，经济系统的发展是条件，社会系统的安定是目标，各子系统之间是相互依存、相互制约的关系，它们共同的和谐运行，才能保证生态城市的健康发展。生态城市运行是城市系统适应外部环境变化而进行的内部自我调整，是生态城市得以维持和发展的根本保证。在生态城市内部子系统及与外界之间的不可逆的动态变化中，发挥作用的有以下几种机制：

（1）反馈机制。包括正反馈和负反馈，前者是生产消费系统内在驱动力，促使系统偏离现状，后者是生态支持系统的支持和约束作用，使其保持稳定。人类的物质和精神需要促使城市生态系统的加速发展，这种正反馈机制具有无限扩张性。而生态平衡机制则支配着生态城市系统向另一个方向演化和发展，起着维护和调节系统、平稳演替的作用，但这种作用是有限度的，强烈的干扰和破坏会导致系统的崩溃。

（2）循环机制。生态流维持着生态城市的持续稳定，自然系统中的物质资源的有限性要求对自然资源必须高效率地回收再生、循环多重利用，充分提高利用效率，保证其不会产生耗竭或滞留。这种机制强化了生态城市的物质能量，是生态城市持续运转的保证。

（3）共生适应机制。共生导致有序，适应确保了稳定，生态城市的各系统组成部分之间存在着作用与反作用，相生相克，通过共生机制和相互适应，形成多样的功能、结构和生态关系，变对抗为利用，协同进化，相得益彰。

（4）补偿机制。当生态城市各系统之间的冲突和对抗超出了适应机制所能调节的限度，就需要引入补偿机制，修正某一子系统组的抑制和失衡，恢复整体正常运行。

5.3.3　生态城市规划

5.3.3.1　设计思想

生态城市无论是结构、功能还是其他各方面与传统城市均有质的不同，因此生态城市的建设需要创造性的规划设计，原来建立在工业文明扩张和掠夺思想上的规划理念必须转变为具有未来学意义，对人类发展与进步有主动预测性地把握的生态整体规划设计方法（Methodology of Ecologically Integrated Planning and Design）。这种设计体现了平衡和协调的规划思想，将城与乡、人与自然看作一个整体，综合时间、空间和人三大要素，协调经济、社会、环境的关系，从时间、空间、功能、部门和区域的结合四个方面进行整体规划。

如前所述，生态城市的多功能性需要将物质规划、经济规划和社会规划结合起来，看作一个整体。空间层次上的结合是指国家、区域、城市直至乡村地区不同层次地域间的规划不能分割，例如，城市规划应当在区域规划的指导下进行，在区域城市群建设中考虑某个城市的发展，即城市规划空间上的外延应当有所扩大。规划时效问题包括规划的阶段划分、时限确定、工作时间和同步性等，整体规划又可以分为远景、长期、短期三个阶段。时间上的结合是指在做出长期总体规划方案前，要对每个远景方案的优缺点进行比较，并以此为基础，与短期目标的结合，两者又以远景分析为基础，远景分析是不受时间限制的。某一领域的建设部门具有自下而上的垂直联系机构，而某一个地区的规划是受到周边横向的影响，规划设计者需要将纵向的建议与横向的区域联系起来，使区域的空间需求和发展可能联系起来。

整体规划方法对人居环境的创造，除了作为一种改造物质环境的技术手段，更是对社会文化环境的整合与创造上，是"医治"聚居问题的社会手段。生态整体规划设计的最高价值标准既不是自然中心主义，消极、被动地以减少人类利益（文化价值）的方式保护自然环境（自然价值），而限制人类行为，也不是在人类利益最大化的前提下保护自然的人类中心主义，而是运用人类智慧和创造力实现人与自然公平、协调发展的过程中，争取自身内部的公平，实现人与自然的双赢。

5.3.3.2 设计的特点和原则

生态整体规划设计具有系统性、综合性、区域性、开放性、动态性特点。复杂的城乡复合系统中各种子系统通过功能流和反馈机制等关系结成错综复杂的时空网络，要求规划设计者必须要有系统观念和网式思维，综合社会学家、经济学家、生态学家、地理学家、设计师的集体智慧，并借助计算机、统计、模型以及生态工艺等多种手段，深入探索。生态城市是城乡结合的区域概念，生态城市规划不能局限于小范围的区域，而应该"着眼于全球思考，立足于地方行动"。规划的全过程接受公众广泛参与，自上而下和自下而上相结合，"调查分析—规划—实施管理—反馈调整"的循环、滚动式程序体现了开放、民主和公正的准则。

生态整体规划设计既要遵循生态要素原则，又要遵循复合系统原则。首先，要体现尊重、公正和包容，重视社会整体利益。生态整体规划设计立足于物质发展规划，却必须着眼于社会发展规划，提高居民生活质量、为其创造平等的机会、公平地提供各种社会服务、将文化和人的价值恢复到中心的位置、关注人性、传承历史文化是其重要原则。其次，经济活动是城市最基本活动之一，整体规划设计应注重经济发展的质量和持续性，提高资源利用效率、循环再生，促进生态型产业经济结构经济的形成，原则的核心价值在于效率。再其次，城市化过程必须遵守自然生态原则即自然演进的规律，自然环境在其承载能力之内有再生、自净能力，能保持结构稳定性和功能的持续性。规划设计结合自然，适应与改造并重，同时依据总目标，制定不同阶段的规划方案。最后，复合生态原则。城市生态系统是区域生态系统中的一个有机体，把城市内各系统视为一个有机体，利用社会、经济、自然子系统的互补性，寻求三者的平衡。这是规划的难点和重点，协调是其核心价值。

5.3.3.3　生态城市的模式

自生态城市概念提出以来，世界各国都展开了研究和建设，我国各地也有 200 多座城市将构建生态城市列入发展规划。由于我国地域辽阔，区域发展不平衡，各地城市的经济水平、资源禀赋、文化意识差异都很大，但总的来看，可以将这些城市大体分为三类：一是资源型生态城市。这类城市一般是在丰富的矿产资源的基础上发展起来的；二是旅游型生态城市。特点是旅游业是城市的支柱产业；三是综合型生态城市。这种一般是区域性大城市，在区域中占据核心地位，对周边地区产生促进作用。

（1）资源型生态城市。资源型城市多是形成于矿产资源的开采和加工的传统工业城市，矿业及关联产业在地区经济结构中处于主导地位，从事矿业的职工在就业人口中占有较大比例，社会文化也带有明显的印记。我国的资源型城市非常多，代表性的如内蒙古包头市，有铁、金、铜、稀土等 50 多种金属、非金属矿产资源，黑龙江省大庆市在石油资源基础上发展起来，安徽省淮北市以煤炭资源著名等。

资源型城市的特点是，城市资源丰富，但发展模式粗放，经济增长依赖于高投入、高消耗，导致资源走向枯竭，环境恶化。同时，国民经济产业的总体结构比重失调，第二产业尤其是资源加工业比重过大，但产业链较短，缺乏深加工。因此，对资源型城市来说，生态城市建设是城市建设转型的方向。一方面，资源型城市应大力发展先进技术和科学管理，带动资源和能源消费结构转变，加强源头预防、生产全过程的控制，节约资源，提高利用效益，发展循环经济，减轻环境负荷。针对产业比重失调的情况，资源型城市必须调整产业结构，加快产业升级换代，补上生态农业的不足。另一方面，资源型城市应尽可能减少资源开采，拉长产业链，开拓深加工领域。大力发展第三产业，研发资源利用的多样化，提高经济效益，推动经济增长集约化。

（2）旅游型生态城市。旅游型城市是指拥有能够吸引大量外地游客的旅游资源，相关机构、设施和功能完备，旅游产业高效运转，处于支柱产业地位的城市。旅游型城市的物质构成要素包括自然生态环境、空间结构布局、经典建筑作品以及由此构成景观，非物质构成要素则包括文化、历史、社会、政治、经济和氛围等。与其他城市相比，旅游型城市具有独有的魅力，典型的旅游型城市如广西桂林、安徽黄山、云南昆明市、海南三亚等。

旅游型城市的可持续发展必须以自然风景或人文景观的合理保护为前提，但很多旅游型城市对资源低投入、高产出的运行模式造成生态环境的退化和毁坏。再则旅游产业的价值链没有适当拉长，所以无法充分带动城市其他产业的发展。在生态城市的构建过程中，这类城市应侧重如下几点：首先，要加大对旅游资源的保护力度，通过调查全面掌握旅游资源的种类、结构、特点、性质、成因、数量、质量等，科学评价其价值。根据旅游环境的特点，制定有针对性的法规，减少盲目追逐经济利益导致的对潜在资源的干扰破坏。其次，根据旅游资源的可再生和不可再生性质采取不同的保护或开发方式。对于珍稀动植物、历史遗迹等不可再生资源应保护为重，有限度的开发，尽可能延缓其枯竭；而对于一般森林、水体、人造景观等可再生资源应提高可再生率，在其承载力限度内有效利用，例如旅游高峰期应定期修整。最后，利用资源优势，带动相关产业发展，尤其是服务业和知识产业，完善城市基础设施，利用优越的环境和舒适的居住条件吸引高级人才。

（3）综合型生态城市。综合型城市的功能比较全面，通常是区域的中心城市，发展相对成熟，经济发达，文明程度较高，对周围其他各类中小城市有集聚效应，包括各个省会和副省级城市，代表性城市如北京、上海、重庆等。

综合型城市大都有悠久的历史，但是积累的问题也更多更复杂。这类城市普遍存在基础设施的建设水平无法满足发展需要的困境，导致了全面的环境危机，如大气污染、水污染、噪声污染、垃圾围城等。由于城市发展初期很少会认识到科学规划的重要性，导致城市膨胀后，空间格局日益不合理的现象。因此综合型生态城市，首先，要完善基础服务设施，满足居民的生活需求，例如，公共交通，已成为当今大城市的通病。其次，需要发展科技产业和长效管理机制，根治城市环境难题，全面淘汰污染严重的产业，开发引进高科技含量、低能耗的绿色新型产业。第三，城市和乡村的社会、经济和生态一体化，将城市融入自然，带动郊区以至乡村一同发展，而不能简单地以周边地区的生态恶化为代价换来城市环境的改善。此外，相当重要的一点是宣传和倡导生态知识，倡导生态哲学和生态美学，加强环境立法、执法，利用中心城市的宣传优势，提高全民的生态意识。

第 *6* 章

主体功能区的生态补偿

中共十六届五中全会提出要"按照谁开发谁保护、谁破坏谁恢复、谁受益谁补偿、谁排污谁付费的原则，加快建立生态补偿机制"。党的十七大报告指出，"实行有利于科学发展观的财税制度，建立健全资源有偿使用制度和生态环境补偿机制"。主体功能区生态补偿的原则集中体现了生态经济伦理，主体功能区的生态补偿应以生态经济价值为基础。

对主体功能区尤其是限制开发区和禁止开发区进行生态补偿是主体功能区建设的重要环节，也是目前主体功能区研究的热门领域。丁四保（2008）对我国生态补偿实践进行了归纳，从地理学的视角出发讨论区域生态补偿的基本原理，提出实施生态补偿面临的体制机制问题，并针对流域上下游地区之间和资源开发地区所遇到的生态补偿问题进行集中的研究。陈冰波（2009）提出了主体功能区生态保护的区际和区内、私人和公共等多重外部效应，自然资源产权的初始设置对生态补偿的主体和对象以及社会公平的重要影响，包含生态破坏的自然资源全价格频谱等问题，建立了生态补偿的理论框架，为主体功能区生态修复补偿机

制确立了相应的补偿标准、补偿方式和补偿政策。董小君
（2009）从生态补偿的合理性、责任主体、利益相关者责任机
制、补偿途径、补偿量等方面，全面构建我国生态补偿机制基本
框架。刘雨林（2008），李炜（2012）分别通过建立并分析生态
补偿受益双方的博弈模型，得出由承担生态功能的限制开发区进
行生态环境保护，并由优化开发区等区域进行相应的生态补偿。
陈辞（2009）分析了主体功能区对生态补偿内生性的原因，并
构建了主体功能区视角下的生态补偿机制。谷学明（2011）分
析了苏北地区某县为实现生态系统服务功能付出的成本，依据区
位熵理论确定成本分担系数，核算外部应承担的补偿，设计了主
体功能区生态成本的核算方式。徐梦月（2012）提出结合生态
足迹法与基于生态系统服务功能的引力模型构建主体功能区生态
补偿模型。韩德军（2011）通过对格罗夫斯—克拉克机制数学
验证和修正，提出确定生态补偿标准和成本的方法、解决生态补
偿资金来源等思路。代明（2012）认同系统性且市场化程度较
高的"工业排放配额制"生态补偿方案。胡昕（2012）、汤明
（2011）分别研究了甘肃省及鄱阳湖流域的生态补偿现状，并提
出相应地区的生态补偿模式与保障措施。张成军（2011）提出
推进行政区绿色 GDP 核算，并以绿色 GDP 核算中对传统 GDP 的
扣减项和加计项为依据，确定生态补偿的方向和规模。张宏艳
（2011）提出建立基于主体功能区生态补偿的横向转移支付制
度。高新才（2010）认为可把生态补偿方式由转移支付转变为
政府购买，实现补偿资金的集约利用和生态服务的有效供给。徐
诗举（2012）对建立区域间大气生态补偿制度、主体功能区之间
的土地开发权补偿制度和流域间生态补偿制度等提出初步构想。

6.1　主体功能区生态补偿的原因

主体功能区划打破了传统的区域经济发展模式，对一些盲目追求自身利益的最大化和经济增长的地区明确地说"不"，并赋予其生态功能的定位。这种区划方式对于形成我国理想的区域发展格局是有利的，但也带来了区域关系上的新问题，即显著而普遍的区域外部性。优化和重点开发区域的发展关联，通过要素运动对其他区域产生影响，如优化开发区域向重点开发区域的产业转移；重点开发区域从限制和禁止开发区承接人口迁移；优化和重点开发区域为限制开发区域的开发提供资金、技术上的支持等。其中，重点开发区域在促进产业集群发展，壮大规模经济，加快工业化和城镇化的进程中，会对临近区域产生环境上的负面影响，如工业废水、废气排放通过大气循环和水循环过程影响到其他区域、经济开发对木材、煤炭、石油的巨大需求，抬高了资源的市场价格，加大了开发的利益驱动，增加了生态脆弱而资源富集地区的生态压力。在主体功能区划追求的理想区域分工格局中，限制和禁止开发区域承担的主体功能是提供生态服务，但其他区域享受到这种服务，却不因此承担责任，最终必然导致各主体功能区在生态利益和经济利益上的失衡。

另外，主体功能区划针对当前我国国土开发和区域发展中盲目无序的问题，对限制和禁止开发区进行一些产业上的限制，使之丧失了部分发展经济的机会，而且必须承担更多义务，这对他们来说是不公平的。一方面，为了维护其生态服务的主体功能，这两类区域不能进行大规模的工业建设，当地财政收入减少；另一方面，为实现其主体功能，这两类区域还要为生态恢复和建设承担额外的支出。例如，为了维护社会稳定，限制开发区外迁人口安置的费用往往是当地政府所无力承担的，成为其经济发展的阻碍。

将地域功能取向定为"开发"，即一个地域由工业化、城市化及集聚状态决定的地位和作用。地域功能取决于开发活动是否引起大规模的人口、工业和城镇的集聚，以及非城市和非工业建设用地是否大规模转换为城市建设和工业建设用地的过程。这一识别原则导致被冠以"限制"或"禁止"的区域的发展权利被"剥夺"。而这种地区往往生态环境脆弱，经济落后，迫切需要大力发展生产力，且地方财政较弱、提供公共物品能力不足。这样就形成了一个悖论——得不到发展的贫困地区，反而要为经济发达地区提供生态服务的义务，贫富地区在资源环境使用上的权利不平等，将会加剧区域间的发展不平衡，形成马太效应。

事实上，各地区的居民都应享有公平的政府提供的公共服务的权利，各地方政府也应具备提供大致公平的公共服务的能力。针对以上的不平等现象，探讨和完善不同区域之间的生态补偿制度是生态经济价值理论的具体实践，促使生态资源使用及受益地区在合法利用生态资源的过程中，向所有权和为生态保护付出代价的地区进行各种形式和模式的补偿，有利于缓解地区之间由于地理位置、环境资源禀赋差异及主体功能定位的不同导致的发展不平衡问题。图 6-1 描述了不同类型主体功能区之间的相互关系和作用。

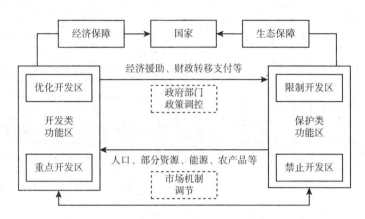

图 6 - 1　主体功能区相互作用机制

资料来源：满强. 基于主体功能区划的区域协调发展研究 ［D］. 东北师范大学博士论文，2011.

6.2　主体功能区生态补偿的价值基础

6.2.1　生态系统的服务功能及价值

人类从生态系统得到的利益，分为生态系统产品和生命系统支持功能，除了直接向人类提供服务，生态系统还向经济社会系统输入有用的物质和能量，并容纳和转化来自经济系统的废弃物。表 6 - 1 总结了生态系统服务与功能的主要类型。

表 6 - 1　　　　　　**生态系统服务与功能的主要类型**

生态系统服务	功　　能	具体解释
气体调节	调节大气化学组成、净化作用	绿色植物的光合作用吸收二氧化碳，释放氧气，维持大气化学组成平衡，吸收、吸附、过滤空气中的硫化物、氮化物、卤化物、粉尘等，臭氧对紫外线的防护，阻挡有害辐射，降低二氧化硫浓度
气候调节	调节气温、降水及其他生物参与的气候过程，减少洪涝干旱	调节温室气体，产生 DMS，影响云的生成植被能够截留并保持降水，减小洪峰流量，减少水土、营养流失，补给河流
扰动调节	生态系统对环境扰动的容量、抑制和整合响应	植被结构控制的生境对环境变化的响应，防止风暴、控制洪水、干旱
水调节	调节水流动	为农业灌溉、工业生产和运输提供水
水供给	储存和保持水	由流域、水库和地下含水层提供水
控制侵蚀和保持沉积物	生态系统内的土壤保持	防止风力、径流等动力过程造成土壤流失，将淤泥储存于湖泊和湿地
土壤形成和净化	土壤的形成、更新及肥力维持土壤污染的降低和净化	风化岩石、积累有机质，土壤动物、植物、微生物充当有机质的制造者和分解者，细菌、真菌和土壤动物分解土壤有机质，释放能量，降解毒害物质，将矿物质转化成植物吸附利用的营养元素，进入再循环，使重金属元素通过植物富集作用离开土壤
养分循环	养分的储存、内部循环、处理和获取	氮、磷和其他元素和养分的循环
废物处理	易流失养分的再获取，过剩或异类养分和化合物的去除或降解	废物处理、污染控制、解毒作用
传粉	植物配子的移动	为植物群的繁殖供给传粉媒介
生物控制	生物种群的营养动态调节	控制动物种类，高级食肉动物使食草动物减少

续表

生态系统服务	功　　能	具体解释
生物多样性保护	基因、物种、生态系统和景观多样性的有机组合	提供物种繁衍生息场所，保存遗传基因多样性，避免了环境因子变动导致的物种绝灭
避难所	为定居和迁徙众群提供生境	育雏地，迁徙种群的嬉戏地，本地物种的区域生境，越冬场所
食物生产	初级生产中可用作食物的部分	通过渔、猎、采集及农耕获得鱼、猎物和果实，水果、作物的生产
原材料	初级生产中可用作原材料的部分	木材、燃料和饲料的生产
基因资源	特有的生物材料和产品的来源	医药，材料科学产品，抵制植物病原和作物害虫的基因，装饰物种（宠物和园艺植物）
休闲	提供休闲活动的机会	生态旅游，体育垂钓，其他户外休闲活动
文化	提供非商业用途的机会	生态系统的美学、艺术、教育、精神和科学价值

在庞大的地球生态圈中，不同类型的生态系统为人类提供的物品和服务也不同：

（1）森林生态系统。森林生态系统能够提供木材、薪材、草料、食物、药材、原材料等多种产品，更重要的是，森林具有巨大的间接价值，如森林被喻为绿色水库，具有较大的蓄水量，能够贮存调节水分的时空分配，吸收径流，维持流域功能，增强系统稳定性，降低灾害气候和土壤侵蚀的强度，为动物和人类提供饮用水和灌溉水；可以吸收大气污染物，处理废物，迁移、分解毒物，释放氧气，净化空气、水分；提供人类和野生生物生境。

（2）草地生态系统。与森林生态系统相似，草地生态系统也是地球最主要的生态系统之一。它与森林生态系统共同具有的服务功能包括气体调节、气候调节、水分调节、防止水土流失、土壤形成、基因资源、维持流域功能、循环养分、维持生物多样性、固定大气碳、提供人类和生物生境、提供饮用水和灌溉水、提供艺术美景等，另外，草地生态系统还为人类提供了畜牧和狩猎的自然条件。

（3）农业生态系统。最主要价值即粮食生产。除了提供食品作物、纤维作物、作物基因以外，农业生态系统能够维持有限的流域功能、调节大气、提供鸟类、传粉物种、土壤有机质、固定大气碳、提供原材料、燃料、饲料（如植物秸秆、根系）等，不同经营方式下，农业生态系统的投入产出也相差很多，影响就业机会。

（4）湿地生态系统。同时具有陆生与水生生态系统的双重特征，是一种介于陆地与水生生态系统之间的过渡类型，鱼类、毛皮动物、牧草及林产品等不同种类的食物及原材料的生产量巨大，并且拥有特殊的动植物区系，生物多样性高，具有调节气候、水分控制与供应、营养循环与废弃物处理等多种功能，对区域乃至全球生态系统稳定有重要影响，因此它具有较高的生态服务功能价值。特别值得重视的是，湿地生态系统在废水处理方面具有不可替代的功能。另外，作为鱼类和其他许多珍贵物种的产卵、捕食场所，湿地为动物提供了重要的栖息和避难场所。

（5）水域生态系统。指天然陆地水域和水利设施用地，包括湖泊、河流、水库、水渠、池塘等。水域生态系统服务功能主要表现在大气循环、提供淡水生境、循环养分、维护生物多样性、渔业、富营养控制、缓冲水流、污染控制、灌溉、工业、居民生活用水供应、水力发电、水上旅游及航运等方面。

（6）海岸生态系统。其生态系统服务和功能包括出产鱼类和贝壳、鱼食、海藻、盐、基因资源、稀释和处理废弃物、维持生物多样性、提供人类和野生生物生境、海港和海运、艺术美景和休憩场所，红树林，障壁岛等还能弱化风暴影响。

正确认识、评价生态系统服务功能的价值，并将其纳入决策机制，为合理制定生态资源价格和实现生态资源商品化以及在国民经济各部门合理分配社会总劳动提供了依据。主体功能区中的生态功能区关系到区域或全国的生态安全，生态经济价值论能够指导生态资源的综合开发及生态补偿政策的制定，提高生态经济效益。

历史上，经济学领域中关于生态系统服务和功能的价值，占统治地位的思想是生态资源无价论。生态系统服务和功能的价值，主要是通过向人类提供自然资源来实现，并通过自然资源的经济价值来衡量。如马克思主义政治经济学认为，价值是凝结在商品中的无差别的人类劳动，但自然资源天然存在，没有包含人类劳动，从而推导不具有价值。主流经济学认为，能够产生经济效益的资源才是有价值的，而自然资源中只有很小的一部分参与到经济活动中，大部分不能产生直接经济效益，因此同样也被认为几乎没有价值。生态资源无价论形成的原因在于生态资源的性质，生态系统所提供的服务功能中，大部分是纯公共物品，具有不可分性、非竞争性、非排他性。这种人人都可以平等使用的物品和服务不需要通过市场交换，没有所有权主体及隶属关系。另外，还有很多制度上和政策上的不足，如统计数据的缺失，对生态产品和服务有效评估的空白，生态系统对发展的贡献仍未纳入国民经济核算，也未被考虑在主要政策法律里。

生态环境的重要性很难在经济体系中得到全面合理的反映。生态学理论认为，在自然界物质和能量流动的"金字塔"中，底层是土壤或海洋，为绿色植物提供养分、水和生长据点，向上各级依次为以绿色植物为主食的一次消费者、以一次消费者为主食的二次消费者，越往上级数量越少，人类被定位在"金字塔"的最上层。"金字塔"每一层级的生物数量大小，取决于每一层级制造、消费的能量总和，与经济价值没有直接关系。基层是环境维系的重要基础，土壤或海洋被侵蚀或污染，必然导致"金字塔"的坍塌，上层生物的生存也会受到致命冲击。然而，与之迥然不同的是，经济学价值理论中的"金字塔"是"倒金字塔"，每一层级所代表的价值量的大小由生产和消费的商品价值决定，而价值的判断标准则是市场决定，加工程度越低的产品，在市场上的价格越低，自然资源与维生系统几乎没有价值可言。

当今，地球上几乎每个角落都被烙上了人类的印记，生态环境和人类社会更加紧密地联系在一起，人类逐渐认识到生态资源的巨大价值。目前，被普遍认可的对生态价值的定义 Daily（1997）在《自然的服务——社会对自然生态系统的依赖》中提出的：自然生态系统及其所属物种支撑和维持人类生存的条件和过程。欧阳志云将生态价值定义为生态系统与生态过程所形成及所维持的人类赖以生存的自然环境条件与效用①。

根据生态系统提供的服务功能种类，提供方式、内容以及价

---

① 欧阳志云. 生态系统服务功能、生态价值与可持续发展 [J]. 世界科技研究与发展，2000（5）：45－50.

值体现时机的不同，可以将其价值分为直接价值、间接价值、存在价值以及选择价值等。直接价值即生态系统产品产生的价值，可以直接利用，如森林生态系统产出的食品、木材以及旅游价值等。间接价值指无法商品化的服务功能，或是资源利用过程中产生的间接效果。如维持生物多样性，维持大气稳定等支持地球生命的功能。选择价值是将来可以实现的价值，即是人们为了将来能直接利用某种生态系统服务功能的支付意愿，如人们为将来能利用生态系统净化大气的支付意愿。选择价值类似于一种保险，强调价值的不确定性。存在价值即内在价值，是生态系统本身具有的，介于经济价值与生态价值之间的一种过渡性价值。

　　生态资源环境一旦与经济社会系统相结合，就具有了价值。生态经济价值理论认为，人类通过劳动，将生态系统中具有潜在使用价值的自然物质变成具有符合人类生存和经济发展需要的实在使用价值的资源，而在建设、保护、补偿自然资源和生态环境消耗的过程中，物化了的社会必要劳动，是生态环境价值的体现。由于自然资源与生态环境的稀缺性，人们通过劳动来获取、保护和改善区域自然资源和生态环境，这使其具有了"生态经济价值"①。生态资源能够满足人类生态需求的属性即使用价值，不可再生资源的使用价值在经济消耗获得价值的同时消失，可再生资源的使用价值在一定范围内不随价值的变化而变化。根据劳动价值论，生态资源的价值由人们维持或恢复发展其使用价值所耗费的社会必要劳动时间来决定。恒常资源（如太阳能）及可再生资源（如水资源），其价值由维持的社会必要劳动时间决

---

① 张广海. 资源环境生态经济价值综论［J］. 中国人口·资源与环境，2002，12（5）：23 - 25.

定，如果资源因污染或利用超过更新能力而导致质量下降，则由恢复原质量需要的社会必要劳动时间决定。人造资源的价值由维持、营造耗用的社会必要劳动时间创造的价值之和折旧而成。不可再生资源则由寻找新替代资源所用的社会必要劳动时间决定。

6.2.2　生态经济价值的评价

由于生态经济价值的计量与评估涉及生态、环境、经济等多个学科，是一个综合性很强的领域，还在探索之中，虽然方法多种多样，但并没有公认的最佳模式，在应用中须结合具体情况，灵活掌握。生态系统服务功能的价值核算方法主要分为两种：一种是替代市场法，是用"影子价格"或消费者剩余来衡量生态系统服务功能的经济价值。包括费用支出法，费用效益评价法，机会成本法和享乐价值法等；另一种是模拟市场法，也叫假定市场法，即将生态系统功能价值用支付意愿和净支付意愿的方式表现出来，包括条件价值法（也称调查法或假设评价法）和相似的派生方法。

（1）费用支出法。以消费者的消费开支来评价生态价值，即从消费者角度，通过人们对某种生态服务功能的支出费用来衡量生态服务功能的经济价值，简便易行，但人们考虑时间、距离等条件后的实际支付意愿却不能得到准确反映。

（2）费用效益法。与费用支出法类似，又称市场价格法，适用于费用支出不明显，但有市场价格的生态系统服务功能，如在当地直接消耗但未进行市场交换的生态系统产品。定量地评价某种生态服务功能的效果，再根据效果的市场价格来评估其经济价值。具体方法很多，包括传统市场中的直接影响评价，例如，生产力转变法、生命价值法、潜在消耗价值评价替代成本法、工资差别法、市场货物代替非市场货物法以及旅行费用法等。

（3）机会成本法。在没有市场价格的情况下，生态系统服务的使用成本可以用所牺牲的替代用途的收入来估算。相应地，有边际机会成本法，主要用于环境资源产品即原料的定价，资源原料的价格等于它的边际机会成本。

（4）享乐价值法。试图估计生态系统服务的无形价值，在一个真实的市场上实现相关特性的有效交易。

（5）条件价值法。也称意愿调查法，适用于缺乏实际市场和替代市场交换商品的价值评估，是公共产品评价的特有方法。对于普通商品，由于有市场交换和市场价格，其支付意愿的组成部分都可以直接求出，而生态系统服务功能中，有很多是找不到市场和替代市场的。条件价值法的核心是通过调查、问卷、投标模拟市场的技术方式获得消费者的支付意愿和净支付意愿，再通过相关统计处理获得具有代表性的数据。

（6）市场价值法。利用市场价格对生态系统服务的现状及其变化进行直接评价的方法，与费用支出法类似，但它可适合于没有费用支出，但有市场价格的生态服务功能评价。

（7）防护费用法。也称预防性支出法，为了减缓或更正负面环境影响造成的危害，社会和个人承担了防御和预防的成本。

（8）恢复费用法。即将受到损害的环境质量恢复到受损害前的状况所需要的费用。

（9）影子项目法。如果某项目的建设破坏了区域内的环境，而在技术上无法使环境质量逐渐恢复或恢复的成本过于高昂，那么可以在进行该项目的同时设计一个补充项目，作为保持环境质量不变的替代品，则这个影子项目的费用就反映出环境质量变动的价值。

（10）随机评估法。典型的模拟市场的派生方法，用以评估没有市场价格的生态系统服务，包括直接询问法和重复报价法。

在评价生态资源的价值时，会受到许多因素制约，导致误差很大，存在很多方面的问题：一是替代的合理性问题。对生态服务或功能进行"等效益物替代"是主要方法之一，替代效果取决于生态资源与其替代物之间的相似程度，但替代的标准问题尚待解决。二是结果的可加性问题。对生态功能价值进行计量的思路常常采用分析综合法，即将生态资源的诸多使用价值折合成价格再加权累加，但市场上商品的价格是由均衡价格而不是生产者单方面决定的，且生态价值折算方法的理论依据是不同的，因此得出结果的可加性值得怀疑，更何况，有些生态服务价值和社会效益，根本没有找到核算方法。三是计算的重复性问题。生态系统的复杂性和相关性，决定了多种生态功能的相互制约，而不同效益计量方法或多或少都存在重复计算，其直接利用与间接利用值之间也存在冲突，例如，森林里的树木如果被用作木材，就不能再发挥防风固沙的功能了。四是评估结果的实际操作问题。目前对生态价值的评估大多针对一个国家、省域或流域等宏观区域来进行的，且通常采用由定位点或线推广到大层次上的方法，统计数据结果过粗，难以落实到每一个具体单位。五是方法的通用性问题。生态价值的评价方法受到很大的主观因素影响，导致了结果没有可比性。另外，生态价值的不确定性、模糊性以及生态公益的多面性，使评价很难达到全面、准确。以上问题有待更深入的探讨。

6.3 主体功能区生态补偿的相关理论

6.3.1 相关的公共产品理论

萨缪尔森（1954）在《公共支出的纯理论》中提出了公共产品的概念，即每个人对该产品的消费都不会导致其他人对该产品消费减少的产品。一般认为，公共产品是指具有非竞争性和非排他性的产品。非竞争性是指由于公共产品的不可分割性或不能引入竞争机制，使得在一定范围内，消费者的增加不会引起生产成本的增加，即边际成本为零。非排他性是指无法排除他人从公共产品获益，或存在排他的无效率。除此之外，公共产品还具有公益性、外部经济性、高度垄断性和效用的不可分割性。公共产品是人们公共利益与公共价值的载体，任何公共产品一旦被生产或提供，就会使一定范围内全体或大多数成员共同受益。由于外部经济的存在，公共产品生产部门无法从其他部门获得报酬，因而导致"市场失灵"，产生私人收益与社会收益的偏离。社会绝大多数成员对于公共产品没有选择余地，只能被动接受，体现了其高度垄断性。按非竞争性和非排他性的程度可将公共产品划分为纯公共产品（同时具有非排他性和非竞争性的物品）、俱乐部产品（具有非竞争性，但可以轻易排他的物品）和公共池塘资源（具有竞争性，但无法有效排他的物品），后两种称为"准公共产品"。按利益影响的范围，又可以分为全球性、全国性及地方性公共产品。

因为市场实现非排他的不可能或高昂成本，以萨缪尔森为代表的福利经济学家认为政府是公共产品最好的提供者，但 20 世纪六七十年代福利国家的危机引发了戈尔丁、布鲁贝克尔、科斯等自由主义经济学家对这一观点的质疑，主张公共产品供给主体多元化。一般来说，公共性程度高（如天气预报）、不宜或不应由非政府力量供应（如国防、法律）、非政府力量不愿意或无力提供且外部性大（如基础科学研究）、非政府力量没有能力提供或即使有能力提供但非竞争性程度很高（如消防设施）的公共产品应当由政府提供。而对于一些公共性程度不高、非竞争性和非排他性不充分的准公共产品，可以由私人部分来提供。例如，由营利性私人企业来生产俱乐部公共产品以间接盈利，具有互补性质的公共产品和私人物品可以进行联合生产，由社区成员共同出资来提供社区内的治安、环境、文体设施等。此外，作为对于政府提供公共产品不足的补充，非政府组织提供公共产品的作用也是很大的。

公共产品的非排他性决定了经济社会中的"搭便车"现象，由于公共产品的个人消费量具有极大的不确定性，价格机制不能发挥有效的作用，使得私人供给缺乏动力，竞争市场不可能达到"帕累托最优"，无法满足社会需求。因此，提供优质的公共产品是政府的首要职能，服务型政府应着重探讨社会对公共产品的需求，合理确定政府提供公共产品和财政支出的规模，实现公共产品供给的最优化。

生态系统的生命支持服务是重要的公共产品，被视为社会资本，相应地，维护生态系统服务及功能的措施和工作也作为一种公共产品，在区域、全国以至全球的范围内发挥了不可替代的作用。但是，这类服务无法进入市场，给估价和市场供给带来了很大的困难，因此中央和地方政府应当成为其供给和维护的主体。

6.3.2　相关的外部性理论

市场经济的一个重要功能是资源的最优分配，这一功能充分发挥作用的前提是市场的完备性，即完全竞争的市场，但事实上，市场除了受垄断和社会制度的影响外，还主要受到外部经济的影响。外部性又称为溢出效应，指一个行为主体的行动和决策使另一个行为主体受损或受益的情况。经济外部性是经济主体的行为对他人和社会造成的非市场化的影响，经济行为的成本与后果不完全由行为人承担。外部性分为正的外部性和负的外部性。前者指某个经济行为主体的活动使他人或社会受益，却没有因此得到经济收入；后者是指某个经济行为主体的活动使他人或社会受损，但没有因此承担成本或付出代价。

生态系统提供的服务是典型的外部经济现象，且生态系统服务的价值主要体现在作为生命支持系统的外部价值上。而不是体现在内部经济生产的价值上。在开放性进入的生态服务消费领域，对于每一个消费者来说，最优选择就是不遵守协议、尽快尽多地占有共有资源，将私人成本转化为社会成本。此时，负外部性是难免的，如果制度不能有效阻止竞争者私人成本社会化，保证竞争的公平性，那么就必然存在滋生负外部性的动力，因为对于行为个体而言，博弈的结果就是选择转移负外部性。生命支持系统功能关系到国家资源的最佳分配，因此，有必要对其进行经济评价，并实现外部经济内部化。

外部成本或收益的内部化，有以下几个主要途径：

一是产权安排。科斯定理认为，一旦产权设计适当，市场不通过政府的干预就自行解决外部性问题，并保证产权分配的效率，产权配置的方式仅仅影响收入分配，不影响经济效率。但事实上，产权安排并不会解决所有的外部性问题，尤其对于环境外部性问题，政府仍有必要积极干预。

生态产权是最广泛意义上的公有产权，为地球上所有的生命体系共同所有。从归属上看，每个社会成员具有同等的权利，但从可支配性看，生态产权的拥有者和使用者权利非常不对等。缺乏明确界定的产权，没有市场价格以致定价，是生态环境恶化的根本原因。因此，要实现生态服务的价值，构建生态服务的竞争性市场，应使生态资本产权明晰化并具有可分割性，使之成为可分割的和可转让的，以更灵活、更有效的方式进入市场，实现其价值，同时，在制度选择中要重视交易成本及制度总成本的比较。

二是规制。外部性问题有时需要政府的干预，基本对策是规制，也称为命令和控制方法。如政府为了减少企业污染的负外部性，强制要求他们安装洗涤器，禁止燃烧高硫煤的电力公司将二氧化硫直接排入大气中。

三是征税和补贴。这种做法更有效率，可以被比喻为大棒、胡萝卜并用的方法，以达到调整私人成本使之接近于社会成本的目的。

四是许可证交易。管制者通过对总污染控制和损害信息的测算，得出总排污量的最优水平，以发放许可证的形式授予不同的主体（如企业）相应的污染数量。企业根据交易限制，选择排污量和许可证的组合。这种机制创造了新资源的产权，消除了隐含在环境公共产品产权缺失中的外部性，成为有效的激励机制。

6.3.3 相关的区域生态补偿理论

"补偿"义为"补足（欠缺、差额），抵消（损失、消耗）"，在某方面有所亏，而在其他方面有所得。我国的区域性补偿有西部大开发、省（自治区、直辖市）之间的对口扶助、城镇扩张、大型基础设施建设和环境治理工程对移民和被征用土地的农户的安置和补偿等。生态补偿的含义包括自然生态补偿（生物种群或生态系统受到外部干扰时的适应和恢复能力）、对生态系统的补偿（补偿占用生态系统特别"生态用地"的行为）以及促进生态环境良性循环的经济手段和制度安排（王金南等，2006）。

生态补偿（eco-compensation）是以保护生态环境，促进人与自然和谐发展为目的，根据生态系统服务价值、生态保护成本、发展机会成本，运用政府和市场手段，调节生态保护利益相关者之间利益关系的公共制度（中国生态补偿机制与政策研究课题组，2007）。国际上生态补偿通用的概念是"生态或环境服务付费"，使用经济手段调整生态环境保护者与受益者的利益关系，有生态服务付费、流域生态补偿、矿产开发补偿、碳汇交易四个主要领域，生态补偿的方式分为以政府购买为主导的公共支付体系和市场调节实现的方式，后者如自组织的私人交易、开放的市场贸易、生态标记以及使用者付费等。

区域是生态补偿的重要利益主体和行为主体。在区域层面上，生态系统的服务功能有特定的范围，在空间上具有天然的排他性，经济区域在空间上的接近性是取得公共资源开发权利的必要条件。所以，可以说生态系统的服务功能不是总体上纯粹的公共物品，由于涉及的区域利益主体局限于特定的区域，其性质更接近于"俱乐部物品"。作为区域之间最重要的关系之一，区域间的生态环境关系建立在生态资源有限性、生态系统整体性、环境利益局部性和环境利益公平分配原则的基础上。表 6 - 2 对生态补偿问题的类型及其公共物品属性进行了归纳。

表 6 – 2　　　　生态补偿问题的类型及其公共物品属性

地理尺度	问题性质	地区性质	公共物品属性	政策途径
国际补偿	森林和生物多样性保护、污染转移、跨界河流	全球	绝大部分属于纯粹公共物品	多边协议下的全球购买、区域或双边协议下的购买、组织购买，全球和区域市场交易
国内补偿	区域补偿	西部、东北等	纯粹公共物品	国家（公共）购买
	重要生态功能区补偿	水源涵养、生物多样性保护、防风固沙、土壤保持、调蓄防洪	纯粹公共物品	国家（公共）购买
	流域补偿	长江、黄河等7条大江大河	准公共物品、公共资源	国家（公共）购买
		跨省界的中型流域	准公共物品、公共资源或俱乐部物品	公共购买与市场交易相结合，需要上级政府协调
		城市引用水源	准公共物品、公共资源或俱乐部物品	公共购买与市场交易相结合，需要上级政府协调
		地方行政辖区内的小流域	准公共物品、公共资源或俱乐部物品	公共购买与市场交易相结合，需要上级政府协调
	生态要素补偿	森林保护、矿产资源开发、水资源开发、土地资源开发	准私人物品	政府法规下，开发者负担

资料来源：中国生态补偿机制与政策研究课题组. 中国生态补偿机制与政策研究 [M]. 北京：科学出版社，2007：46 – 47.

区域原有生态系统服务和区域结构的改变都会对周边区域产生外部性。工业生产制造的污染物和生态建设带来的环境净化在大气、河流等自然地理媒介的作用下，传播到周边区域，如果周边区域并未因此而获得赔偿或支付费用，则构成了外部性问题。因此，外部性导致的区域效应使区域间经济利益和生态利益的矛盾普遍存在。

生态系统服务的开放形式使之具有无偿性和外部性，而它的空间转移导致区域间生态服务的关系（见表6－3）。生态系统功能和生态系统服务可能发生在不同空间，一些服务功能因为积累与转化因素转移到系统之外的具备适当条件的地区并产生效能。生态系统服务的形成需要一个积累的过程，这个积累的过程通常体现在空间转移中，并能够在比栖息地更大的范围中产生可以利用的价值，当积累与转化的过程跨越了经济区域边界，就形成了区域间生态服务的关系。例如，森林中的小溪在流动中汇集成河，为了利用这类生态系统服务又需要一个转化过程，实现转化的设施与生态系统的栖息地通常存在着空间差异，例如为了利用径流量建造水电站。

表6－3　　　　　　　　生态系统服务功能的空间尺度

生态系统服务功能	提供者	空间尺度
生态系统产品	多样的物种	局地、全球
气候调节	植被	局地、全球
土壤形成、肥力	枯枝落叶层和土壤无脊椎动物、土壤微生物和固氮植物	局地
空气净化	微生物、植物	区域、全球
生物多样性	多样的物种	全球

生态系统服务功能	提供者	空间尺度
防洪抗旱	植被	局地、全球
水质净化	植被、土壤微生物、水生微生物、无脊椎动物	局地、全球
废弃物分解	枯枝落叶层和土壤无脊椎动物、土壤微生物和水生微生物	局地、全球
碳汇	植被	全球

资料来源：Kremen C. Managing ecosystem services：what do we need to know about their ecology [J]. Ecological letters, 2005 (8)：468 – 479.

区域外部性的另一种表现形式是发展关联，即在区域发展过程中通过人文地理要素传递产生的经济外溢作用。发展关联是区域发展过程中追求区域利益最大化的副产品，有正负之分。一个地区的发展可能会产生正的外部性，例如，经济集聚中心的发展带动了周边地区的发展，主体与受体区域共同增进利益，但前者不会因为给其他区域提供了就业机会而收缩自己的经济规模。相反，主体区域也有可能产生负的外部性，因为本地区的发展剥夺其他地区的利益和发展权利，例如，吸纳了其他区域的资本和人才，获得经济利益，导致受体区域的损失，但不会因此提供补偿。区域之间存在着经济利益协同的同时，也可能存在着矛盾，市场壁垒、地方保护主义等就是地方政府规避"负的区域外部性"而经常采用的手段。

区域生态补偿的主要类型有多种，根据补偿对象的性质可以划分为保护补偿和受损补偿，对生态保护的贡献者、生态破坏的受损者和减少生态破坏者给予补偿；从地域角度可以分为区域补偿、部门补偿，包括由经济发达的下游地区反哺上游地区或由直接受益者付费补偿；按照政府介入程度，分为强干预补偿弱干预补偿，即通过政府的转移支付或引导，生态保护者与受益者自愿协商的补偿；从补偿效果来看，分为输血型补偿和造血型补偿；按补偿的范围，可分为国内补偿和国家间补偿；按途径分为直接补偿和间接补偿；按资金来源可以分为国家补偿和社会补偿。

生态补偿的最终责任机制需要在有关法律法规和制度的约束下来确定，一般从生态经济伦理出发公认的原则包括污染者付费原则（PPP）、使用者付费原则（UPP）及受益者付费原则（BPP）。污染者付费原则由经济合作与发展组织1972年首次提出，要求污染者必须承担控制污染的费用，这种削减措施由公共机构决定并使环境处于一种"可接受的状态"。使用者付费原则主要应用于环境设施的建设运营领域，是指在生态环境恢复和自净能力范围内的生态资源占用，理论上无需承担生态环境治理的费用，但生态环境属于稀缺资源，应当由占用者向国家或公众提供补偿。在大范围的区域或流域上下游之间，应当遵循受益者付费原则，由受益者向生态服务功能的提供者支付费用。例如，对国家生态安全意义重大的江河源头区的保护，受益范围是整个国家，因此，国家应承担保护建设的责任；而区域或流域内的公共资源，由受益者按照一定的分摊机制承担补偿责任。

6.4　主体功能区生态补偿的原则——生态经济伦理

6.4.1　生态经济伦理的产生

经济活动是人类社会生活的物质基础，在人与自然的关系中，人与自然之间的经济关系占据了核心地位，而人类对自然资源的利用和消耗构成经济活动的基础。人类历史经历了原始经济、农业经济和工业经济时代，现在正踏入生态经济时代。相应地，经济伦理思想也可以大体分为原始经济伦理、农业经济伦理、工业经济伦理和生态经济伦理。伦理及道德产生于原始经济时代，人类意识到人与人之间的矛盾以及人与环境之间的矛盾，能自觉加以协调，便是伦理道德的萌芽。进化论原理认为，生存竞争是自然界的普遍法则，人类也是其产物。在漫长的、以狩猎采集为主要谋生手段的原始经济时代，团结合作是简朴、朦胧的采集和狩猎经济伦理中重要的美德，适用于人类的经济活动和日常生活。农业时代所有经济活动都围绕着土地进行，人类生活相对稳定和平，顺从和热爱自然的农业经济伦理便随之产生。这种伦理观念也是一种道德观和审美观，体现了人对自然的依赖、适应和顺从，如强调土地资源的使用价值、农业的绝对重要性、财富的等级分配权和节俭的消费观。工业经济时代造就了任何时代都不能比拟的社会生产力，经济活动围绕市场运转，同时不仅伦理模式向"人类中心主义"转变，人类成为自然的主宰，把自然看成可以任意驾驭的机器，肆无忌惮地统治和掠夺，经济伦理表现出审视人与自然关系的实利主义和无穷无尽的征服欲望。这种人与自然的功利化关系，虽然有利于科技进步和物质文明的昌盛，但引发了人与自然之间的尖锐矛盾——困扰人类的生态危机。

生态伦理思想自古有之，中西方传统文化中存在着很多朴素直观的生态伦理思想，思考同一个问题即人与自然的关系。例如，道家的"道法自然"，认为"道"是万物所遵循的规律，也是人类行为的法则，强调人是天地万物的一部分；儒家学说充满对自然的伦理关爱和人与自然关系的深思，孔子把自然界视为天，荀子指出由天、地、人协调发展的理想状态，董仲舒集其大成，提出"天人合一"，这种思想与现代生态伦理学有一定的默契；佛教的"众生平等"，尊重生命，佛法中人与自然没有明显界限，万物共生共存、皆有佛性（朴素的价值观）；古希腊的"自然和谐"，朴素的自然哲学中孕育了生态伦理思想，追求和谐是古希腊思想家的终极目的。20世纪六七十年代，生态经济伦理逐渐受到关注，随之生态经济学和可持续发展思想的兴起，生态经济伦理也深入影响全世界的经济和社会发展。

伦理是人类特有的属性，生态经济伦理本质上也是一种道德。现代生态伦理学起源于人类对现代工业文明的哲学反思，美国莱奥波尔特1949年出版《沙郡年鉴》，首次提出"大地伦理学"一词，标志着生态伦理学成为一门相对独立的学科。生态伦理观倡导了一种与传统经济学伦理完全不同的全新的伦理观：由近距离他人在场的伦理转向一种远距离的、他人不在场的伦理。关注经济发展中人的感性生存和全面发展，强调人类内在道德境界的提升，树立有道德的、可持续性发展的经济理想，将人与自然的关系作为研究对象，主张用道德标准来调整和规范人类对待自然的态度和行为。相应地，生态经济学也是主流经济学的研究范式的革命，生态经济伦理观是一种基于危机的伦理，基于现实和科学，寻求人与自然的对话。

生态经济伦理通过"生态伦理＋生态经济＋经济伦理"方式确立了一种新的伦理模式，使三者实现了有机统一，将传统经济伦理从伦理道德角度关注经济问题转变为关注生态经济问题。

生态经济伦理对传统经济伦理的超越体现在以下方面：

6.4.1.1 对"经济人"假设的修订和完善

传统经济伦理充分体现在西方主流经济学中。西方经济学理论大厦建立在经济人假设的基石上，亚当·斯密将"人"抽象为追求利益最大化的利己主义的人，而新古典经济学在此基础上进一步构造了标准经济人模型，主要内涵包括自利原则（追求自身经济利益是经济人行为的根本动机）、最大化原则（人的行为方式总是倾向于获得最大化利益）、理性原则（经济人具有完全理性）、"看不见的手"原则（经济人在追求自身利益的同时，客观上增进了社会公共利益）。整个工业化时代就是经济学迅速发展的时代，经济分析方法向政治学、社会学、人口学、教育学、法学和史学等各种社会学科领域渗透，构建了自己的"经济学帝国主义"。但不可忽视的另一方面，正如阿马蒂亚·森所言，"现代经济学不自然的'无伦理'特征与现代经济学是作为伦理学的一个分支而发展起来的事实之间存在着矛盾""极为狭隘的自利行为假设的广泛运用，已经严重限制了预测经济学研究的范围，使其很难分析由行为多样性所引起的广泛的经济关系。"经济学与伦理学之间不断加深的隔阂，导致经济学日益走向贫困化。另外，正统经济学认为，人与自然是利用与被利用、投入与产出的关系，经济增长是物质财富的增加。经济利益被绝对化、极端化，而生态价值则不在考察范围内，结果当然是生态环境的牺牲和经济利益的膨胀，经济人假设的环境失误导致经济增长的同时生态环境和自然资源也遭到不可逆转的毁坏。

生态伦理对行为主体——"人"的假设，是对经济人假设的修改和拓展：一是兼有利己和利他双重动机。完全的自利原则和目标，引导人类走向自然的对立面，不仅损害了其他人的利益，还剥夺了后代人的生存权利。因此，行为主体对自然的道德关怀，体现了人与自然权益的统一。人类即使仅仅为了自己的生存和发展，也需要从道德上关心其他的生命和环境，维护赖以生存的生命共同体。二是理性选择。道德行为也是理性的，生态伦理是行为主体充分地、理智地权衡收益与成本后做出的选择，这是主流经济学自利最大化理性假设的扩展。由于生态经济系统的复杂性、信息不完全性和认知能力的有限性，生态伦理行为主体的行为选择也是有限理性。三是综合利益最大化。主流经济学中，经济人单纯地追求自身经济利益的最大化，而不考虑生态效益、社会效益甚至长远利益。生态伦理中的理性人则追求综合利益最大化，包括生态利益和精神收益。

此外，生态经济伦理抛弃了工业经济时代倡导的自私动力观。这种观念把人性的自私与贪婪看成由欲望组成的无穷序列，经济利益是对其最有吸引力的目标，自私与贪婪是推动社会发展的永恒驱动力。例如，经济大师亚当·斯密认为市场竞争的实质是人与人之间的求利竞争，凯恩斯则主张"恶"比"美"实用。但生态经济伦理认为，人的存在的个体性和社会性统一决定了人的利益需要具有个人利益和社会利益二重性，且个人利益不能置于社会整体利益之上。

6.4.1.2 对自然的认识的改变

生态经济伦理扩展了权利主体的范畴。传统经济伦理认为道德和权利是人类特有的，其他存在物不享有道德权利。生态经济伦理将道德权利的主体从人扩展到动物、植物、所有生命共同体，以至整个生态系统。自然的权利是指生命和整个自然界的生存权，是其利益与权力的统一，其他生物有权按照生态规律持续生存，拥有生存权利、自主权利与生态安全权利。正如罗德曼所说，"所有事物和自然系统都拥有'它们自己的目的或目标'，因而都拥有内在价值和存在下去的权利"。权利所有者要求其生存利益受到尊重，对侵犯其利益的行为提出挑战。

传统伦理学的个体主义强调个体才有道德地位，例如，功利主义倡导者边沁认为，"个人利益是唯一现实的利益""社会利益不过是个人利益的总和"。环境伦理学则是整体主义的，例如，利奥波德"大地伦理学"理论强调整个生物圈（不仅包括非人类生物，而且包括非生物）是一个相互联系的系统，是一个有道德地位的整体，其组成部分都是生命共同体的成员。生态经济伦理主张道德规范应扩大到人与自然之间，道德权利也应扩大到动物、植物、土壤和其他自然物，拓展了"道德人"的人格。

生态经济伦理全面地肯定了自然的价值。传统伦理的价值观认为，价值是以是否能满足人的需要为衡量标准的，环境和自然资源不具有经济价值，由此导致自然资源因无偿使用而遭到破坏和浪费。生态经济伦理学对这种狭隘的价值论提出了质疑和批判，拓展了价值空间，并增加人类对自然环境的道德义务。自然对于人类是有用的，自然的工具价值表现在物质、信息和能量三个方面。美国环境伦理学家罗尔斯顿在《哲学走向荒野》中指出，哲学走向荒野是现代哲学的重大突破，自然价值的内涵极为丰富，除了经济价值，还包括科学价值、审美价值、生命价值、宗教象征价值等。

6.4.1.3 对人与自然关系的重新定位

现代化逐渐成为人们生活的目标，但对现代化的追求不可避免地加剧了人与自然的关系的疏离和对立。生态危机不仅威胁到人类的物质生活，更影响到人类的精神世界，使社会发展陷入了双重困境。传统经济伦理的关注对象局限于人与人之间的道德关系，不能有效协调人与自然的关系。生态伦理观念正是在这一背景下产生的，它考察了人与自然之间的道德关系，把道德关怀的对象从人扩展到其他物种和自然界。

生态伦理在人与自然的关系中，以理性诱导、道德育化和人格重构来实现对人类行为的指导和约束，并内化为决策信念、态度和价值取向，从根本上克服现代文明所带来的种种弊端，以自我完善的方式，实现人与自然关系的和谐。生态经济伦理认同农业经济伦理通过适应和顺从自然来实现人与自然的和谐，并将其普遍道德化的伦理精神，但反对人类消极地顺从自然，压制人主观能动性的发挥；认同工业经济伦理弘扬人的主体性、能动性精神，但反对在自然面前狂妄自大的人类中心主义和完全功利化的经济主义价值取向。生态经济伦理把人类经济活动同时嵌合在社会和自然之中，在尊重自然规律的前提下，对自然环境进行改造和利用。

6.4.2　生态经济伦理的内容

经济活动是人类的特有属性，经济与环境既统一又对立。一方面，二者相互依赖、相互促进，生态环境提供的资源、能源的种类、数量和质量，以及废弃物吸纳场所是地区经济发展的基础。而人类经济活动改变了生态环境原有的格局，加快了物质循环的速度，经济实力的增强，是环境保护和改良的保障。另一方面，二者也相互制约。资源、能源开采的数量受环境供给能力的制约，废弃物排放的数量则受环境承载力的制约，人类经济活动的规模扩张和深化导致环境恶化。当然，环境也用自己的方式开始了报复，地区经济与环境的矛盾和恶性循环现象屡见不鲜。

经济伦理的选择行为，受到成本、效益及其他各种经济法则的制约，经济领域里的伦理能引发各种利益关系，具有经济效益，并非单纯的道德理论及行为。经济伦理是经济发展的内动力，能够节约社会财力支出，增进社会福利。韦革在《经济伦理化与伦理经济化》中指出，"伦理经济化是指伦理观念和行为要接受经济原则的审视和相应的支持。"

6.4.2.1 自然价值论

价值是在主体与客体的实践关系中来理解的，价值实质上是客体对主体的意义，体现客体的属性与主体需要之间的关系。自然的价值问题，是生态伦理的基本范畴之一，经济、社会和环境之间的关系实际上体现了人与社会以及人与自然之间的价值关系，三者的和谐状态是人类普遍追求的价值理想。生态伦理分别将人类和自然本身视为价值主体，对自然价值进行评价，得出自然的双重价值：一个是自然的外在价值，或工具价值，另一个是自然的内在价值。生态伦理的自然价值论是外在价值和内在价值的统一。

自然的外在价值是指作为价值客体的自然对人类的功利性，即作为人的工具，满足人类物质、文化发展需要的属性。在人与自然的关系以人为主体时，自然是以资源的形式存在的，对人类主体具有功利意义。此时，生命和自然界具有经济价值或使用价值，且具有正面和负面的不同。自然的工具价值表现在物质、信息和能量三个方面：为人类提供食物、生存场所、生产和文明发展的原材料；太阳能是生物圈所有生物能量的来源；自然界的万事万物都在传递对人类有用的信息，引导人类的行为。对人类的需要的满足程度是衡量自然外在价值存在和大小的标准，当然二者并不完全等价。

　　自然外在价值的重要性是不言而喻的，自然是人生存的前提条件，据估算，生态系统每年提供的服务价值大概在 160000 亿~540000 亿美元。但事实上，自然的生产价值和对于人类的重要程度是不能用价格来测算的。另外，自然的经济价值促进了人类社会的繁荣和发展，也是我们进行生态补偿的重要依据，自然的直接经济价值可以用自然创造的收入来实现，也可以根据投入的维护成本、治理费用等负面损失来估算，对自然价值的准确定位有助于生态保护、生态补偿和生态效用实现的最优化。需要强调的是，尽管自然具有工具价值以致人类产生对自然的巨大依赖，但不能因此认为人类具有了主宰自然的地位。随着社会的发展，伴随着人类需要的增加，人对自然必然越来越依赖，但这种依赖是有一定客观限度的，人类的为所欲为是不能实现的。

　　生态伦理认为自然的内在价值就是自然赋予自己存在的价值，以自然本身为价值主体和尺度，如罗尔斯顿认为自然本身就包括了经济学、伦理学和哲学含义。除了经济学层面上的外在价值，还有内在价值，即不依赖主体评价的自然达到"善"的目的，使自然按照生态规律实现自我的生存、发展。自然首先是以自己的存在为目的的。

　　作为进化过程的共同参与者，自然生态系统中的所有生物物种都可以是评价者，把自己作为一种带有目的的生命共同体，作为自然中实现自身发展和演化的主体，按照客观规律自我维持及再生产，平等地享有追求生存发展的权利和生态价值。所有物种都具有生存和发展的目的，并表现为利己性，它的目的性就是内在价值的依据。"价值主体不是唯一的，……其他生命形式也是价值主体。"美国学者约翰·奥尼尔认为："持一种环境伦理学的观点就是主张非人类的存在和自然界其他事物的状态具有内在价值。这一简洁明快的表达已经成为近来围绕环境问题的哲学讨论的焦点。"

内在价值标示了地球上人类以外其他物种和自然事物按客观自然规律的生存和发展是合理的、有意义的。自然是价值的源泉和载体，自然本身生存的意义以及它的创造性（对他物的意义），是"真、善、美"的统一，也是它的外在价值和内在价值的统一。自然的内在价值是目的定向的，即自然价值本身就是为了维持自身的生存与发展这个最高目的，从低级向高级发展，不以人的意愿为转移。同时，自然不需要外部的评价者，其内在价值不会随着观察者、评价者的需要或利益而改变。

6.4.2.2 人与自然的关系

人与自然之间的关系既对立又统一：作为自然界中的一员，人类与所有其他有机体共同参与生态系统的物质和能量交换；而作为万物之灵的人类，能够制造并使用工具，具有强大主观能动性，通过劳动不断地改造甚至破坏自然。

在人类与自然和从自然获得利益过程中人与人之间的重复博弈中，形成了生态伦理。人类珍惜自然、保护自然完整、平衡的行为，换来自然提供给人类的舒适环境、可持续利用的资源和最大限度地吸收、分解废弃物，二者友好共处。反之，人类的贪婪和粗暴，导致了大自然的报复，环境质量下降、可用资源减少、废弃物堆积，人与自然走向对立。人类行为具有理性，倾向于收益最大化，如果把人类每一次对自然的利用过程看作是二者的一次博弈，那么随着世代更替和博弈次数的增加，人类不友好行为必然导致自然的状态恶化，而人类收益也逐渐减少。因此，长期的重复博弈使人类认识到了生态环境的重要性，调整行为选择的效用函数，用生态伦理来改善与自然的交往，保证自己和后代经济利益和生态利益。

从人与人博弈的角度，也可以推出生态伦理的形成。博弈论可以看作是探讨存在相互外部性条件下的个人选择问题，个人效用函数决定于自己和他人的选择两方面，个人的最优选择是其他人选择的函数。环境资源具有公共产品的外部性特点，在环境保护中，各决策主体代表的利益方是相互制约的，如果博弈双方都只在意自己的短期利益，结果就会由于他们的不合作导致集体利益的降低，而导致两败俱伤。理性双方反复博弈的结果是，为了长远利益，双方达成自我约束机制，实现博弈的合作解，即保护环境、可持续利用资源的生态伦理制度，并逐渐推广成为整个人类的行为准则。

自然是人类存在发展的基础，人类应该尊重自然，遵守自然规律，把道德调节的领域从人与人之间的关系扩展至人与自然的关系，承担起保护自然的义务。生态伦理倡导人与自然之间的互利共生、协同发展的关系，强调人类对自然的道德情怀和理性、文明的态度，并非否定人类改造自然界的活动，这是生态伦理的基础和本意。人与自然的协同进化包括两个方面，一是物种与个体之间直接的相互受益，二是生态平衡，即不同物种的相互制约。这是对人与自然伦理关系的正确定位，人类的生物属性和文化属性不可分割，生态稳定的前提在于人与自然之间的相互依存和协同进化。在生产生活中，人类应该将生态系统放在与有效的经济系统一样的地位，保护脆弱的生态，珍惜罕见的环境，敬畏自然，尊重生命，爱地球如爱自己。

6.4.2.3　公平论

"公平"是伦理学的核心范畴和主要价值目标，环境平等原则是人类道德领域的延伸和拓展。它强调人与自然的和谐发展，强调实现人类发展权利的平等以及所有生物的权利平等。当代社会，经济公平和生态公平高度相关，生态公平问题需要以经济的发展和进步作为解决的条件，经济公平问题也不能脱离对环境的顾忌。生态经济公平超越了唯经济主义与唯生态主义的局限，也使人们认识到需要将当前利益和未来利益结合起来。

生态经济伦理公平，一方面，指的是社会公平。社会公平是人类社会内部成员间对经济、政治、文化的利益分配和义务共担，任何人都拥有合理地开发、利用自然资源和享受清洁、安全、舒适的生活环境的权利，相应地，也必须承担起保护环境的责任和义务。另一方面，则是指自然公平。自然公平是自然界万物之间的公平对待，体现在客体之间、主体之间以及主体和客体之间。社会公平只是自然公平的一部分，自然中的任一物种或元素都有其存在的合理性，人类对万物的了解非常有限，而且也非常功利和不自觉，致使大自然伤痕累累，做到自然公平，是人类应尽的义务和责任。

从空间维度上看，公平主要表现为国际公平和国内公平问题。当今发达国家工业史，几乎都伴随着曾经殖民地国家的血泪史，前者对后者自然资源的野蛮掠夺和肆意破坏造成了后者的长期落

后。时至今日，发达国家仍在将劳动密集型、高能耗、重污染的
夕阳产业向发展中国家转移，转嫁危机。占世界人口1/4的发达国
家消耗了世界3/4的资源，这种严重的不公平，也加剧了世界范围
内的矛盾。贫穷导致了环境的持续恶化，且发展中国家对全球环
境变化的适应能力也相对有限。《里约宣言》指出，"各国负有共
同但有区别的责任"，试图通过"污染者负担"的方式使环境成本
内部化。指出发达国家应率先采取行动保护环境，改革生产、消
费方式，并向发展中国家提供更多支持和援助。在一个国家内部，
经济发达地区与欠发达地区之间、不同市场主体之间在环境问题
上的不平等现象也普遍存在。贫困人群往往承受着更重的环境负
担和更大的环境成本份额，生活在被污染了的地方，呼吸到的空
气，饮用的水的质量没有安全保证，因为生活所迫而滥用所能得
到的资源。与此形成对比的是，富人享有了工业化带来的巨大利
益。传统的环境政策只关心可接受的污染水平及如何使污染降到
该水平以内，而很少关心分配的公平性，在考虑污染控制的成本
时，也只算经济账，忽略了污染控制的环境风险分配，结果常常
导致环境负担的转移。我国正处在迅速工业化、城市化的发展时
期，城市的环境污染也在这种进程中扩散到农村地区，城市在对
农村自然资源进行开发时获得了绝大部分财富和利益，由此产生
的环境恶化却让农村居民承担。而更不公平的是，城市居民相对
于农村居民而言，社会地位更高，市民更有条件和能力去影响环
境政策的制定，使政策更倾向于城市。总的来说，强势群体消耗
的资源和造成的环境污染比弱势群体多得多，给环境带来的压力
也更大，应该承担更多的环保责任。另外，弱势群体的贫困也迫
使他们为了生计，而不得不牺牲自然环境。

生态伦理主张所有主体享受自然权利和承担环境义务的同时平等。发达国家和地区除了应该减少资源消耗，遏制奢侈浪费，拿出一部分公共财政收入专项保护和治理环境，担负起主要责任外，还应该承认并维护发展中国家和贫困地区平等的环境权利，对受损害者或弱势群体实施生态补偿措施，帮助他们改善环境、发展经济，减少不平等，实现环境资源的代内公正分配。

在时间维度上，公平表现为代内公平和代际公平，这是生态经济伦理的最大论题。代内公平如前讨论的当代人之间的空间维度公平，是一种横向公平。代际公平的思想源于对环境危机的反思，涉及不同世代间的环境权利分配问题，超越了代内的范围，是其延伸和补充。1972 年罗马俱乐部《增长的极限》中提出了未来社会是一个均衡的社会的观点，每一代人都要继承前人的经济、文化、资源以及环境的遗产，均衡的社会不仅考虑当代的人类价值，也要考虑未来人类的价值，并且在当代和未来之间做出权衡。其后，《人类环境宣言》提出："为了这一代和将来世世代代的利益，地球和自然资源，包括空气、水、土地、植物和动物，特别是自然生态类中具有代表性的物种，必须通过周密计划或适当管理加以保护""我们不是继承了地球，而是从儿孙手里借用了地球"[①]。国际自然资源保护同盟的《世界自然宪章》和《世界自然保护大纲》再次阐述了代际公平的思想，认为代际的幸福是当代人的责任，当代人应当保护再生资源，为后人负责。1988 年佩基首先提出了代际公平的概念和代价多数原则。其在《我们共同的未来》中对可持续发展做出如下定义：既满足当代

---

① 国家环保总局国际合作司. 联合国环境与可持续发展系列大会重要文件选编[M]. 北京：中国环境科学出版社，2004：129.

人的需要，也不对后代人满足其需要的能力形成危害的发展。环境伦理的代际公平研究与可持续发展理论紧密结合。

代际公平是实施生态补偿机制时依托的主要伦理基础，但是与代内公平相比，实现代际公平面临更多难题，一方面，当代人对后代人利益的关心程度远远小于当代，而另一方面，后代人对当代人不具有影响能力，因而实现代际公平，只能寄希望于当代人将代内和代际公平统一起来，使二者相辅相成，互为条件。

6.4.3 生态经济伦理体系的构建

（1）清洁生产。联合国环境规划署工业与环境规划中心1989 年最先提出了这一概念，并将其定义为：将综合预防的环境策略持续地应用于生产过程和产品中，以便减少对生态和环境的风险性。清洁生产体现了生产活动的生态化原则，即人们在生产活动中应顾及长远的生态利益，通过提升技术和生产理念，尽可能地少投入、多产出、少排放、多利用、再利用，将自然环境作为潜在的生产力加以保护，使经济效益和生态效益的综合评价实现最大化，这是发展生态经济的关键。

（2）构建市场经济的生态伦理。生态经济是市场经济的新生儿，在生态经济的市场上，同样是通过价格工具来调节生态产品供求的。从总体趋势和范围上来说，生态产品更符合低投入高收益的要求，并且尊重、亲近人性，会得到生产者和消费者的青睐。生态企业应遵守市场规律和导向，善于捕捉市场上的信息和创新的灵感，政府则应保护生态经济的市场竞争力，打击制约反生态经济行为。

（3）绿色消费。从某种意义上说人类从未有意识地限制过自己的消费，而近年来一部分人的高消费、盲目消费、奢侈型消费以及攀比之风更反映出贫富差距和极度不平等，生态经济学提倡的绿色消费无疑是对这种现象从伦理基础上的纠正。绿色消费的伦理观旨在促进人与人、国与国、代与代之间的消费公正，倡导消费公平。与消费的数量相比，要注重提高消费质量；与物质性消费相比，要提高精神型消费的比重，用绿色消费推动绿色生产，用绿色生产引导绿色市场，是构建生态经济学伦理体系的意义所在。

生态经济伦理是重要、强大的社会调控方式，具有导向功能、调节功能和效率功能。生态经济伦理强调环境忧患意识，使人们逐渐放弃工业经济时代的生产生活方式，接受并认可可持续性的发展理念，用生态经济伦理的"软调控"方式逐渐解决经济利益与环境利益的矛盾。生态经济伦理还为人类带来生态经济效率，集经济、社会和环境效益于一体的综合效益。具体说来，生态经济伦理提倡的主体行为，一方面，有利于保护自然，减少污染，节约资源，节约政府监管成本，维护生态系统的完整、稳定和其他物种的利益，进而维护人类的整体利益；另一方面，有利于提高企业的竞争力，促进产业结构调整，同时提高人们的消费质量、生活质量以及精神境界和文明程度，促进社会和谐，使发展可持续。促进生态经济伦理制度的形成，应明确统一的生态伦理原则，将生态伦理纳入公民道德体系，倡导环境友好的科学消费观念，实现科技观的生态转向。

6.5　主体功能区生态补偿的模式

区域层面的生态补偿所要解决的是主体功能区之间因功能区

划而形成的利益失衡问题，而利益失衡产生的复杂性和利益主体
的不明晰，使政府成为生态补偿制度安排的主体。由于区域系统
的层次性，上级政府往往关注全局，是公益性的，下级政府更多
的关注区域自身利益，同级政府间则通过区际对话、区域合作等
形式解决共同面临的问题。建立生态补偿机制是一项系统复杂的
工程，中央、上级政府不仅要保护地方发展的权利，在资源配置
方面还应给予为维护全局的生态环境而承受了利益损失的区域以
生态补偿。局地层面针对流域、森林等单一生态要素或矿产资源
开发等特定经济活动的生态补偿手段，以及区域层面上强调政府
责任包括平行区域政府间的责任的生态补偿共同构成了条块相
间、多层次的生态补偿体系（见表6－4）。

表6－4　　　　　　　　主体功能区的生态补偿体系

尺度	问题性质	解决的问题	要素属性	补偿途径
区域尺度	政府承担社会经济发展与生态环境保护的责任	资源配置和优化区域格局的手段，区域之间实现机会公平	利益主体不明晰，生态服务的公共物品属性	政府的主体责任，嵌入于政府的基础公共服务均等化过程
局地尺度	流域	资源的合理利用与空间分配	利益主体明晰，生态服务的准公共物品属性	公共购买与市场交易相结合
	单一生态要素	生态要素的合理开发与利用	利益主体明晰，生态服务的准公共物品属性	政府法规下的开发者负担和使用者付费原则
	特定经济活动	资源的合理开发与生态保护	利益主体明晰，生态服务的私人物品属性	政府法规下市场原则，谁破坏谁治理

　　资料来源：王昱，王荣成．我国区域生态补偿机制下的主体功能区划研究［J］．
东北师大学报（哲学社会科学版），2008（4）：17－21．

生态补偿的基本原则可以概括为：谁开发谁保护，谁破坏谁恢复，谁受益谁补偿，谁污染谁付费。其本质就是生态服务功能受益者（开发型功能区）对提供者（保护型功能区）支付费用的行为。

生态补偿的实施需要充分考虑各个区域，特别是弱势地区的利益，又不使被要求给予补偿的地区产生抵触。以地方政府为主体的生态补偿模式运行，实际上是对其协调区域内及区域间各种关系的能力的考验。主体功能区的生态补偿模式主要有两种：

一是转移支付。这是目前我国主体功能区生态补偿的主要手段，是以财政转移支付为主的纵向补偿。我国完善的生态补偿转移支付体系由点、线、面三个层次的格局组成。点的层次即在同一个地区内实行转移支付，包括"城市—农村"和"污染型企业—当地"两类。一般情况下，地区发展是以城市为中心，城市的经济建设占用了绝大部分的人力、物力和财力，而周边的郊区和农村除了作为绿色屏障，为城市提供生态服务，甚至成为城市污染和垃圾的收纳者，也不得不为自身的经济发展而破坏环境。因此，作为农村生态系统的受益者，城市有责任为其享受到的生态服务付账，使农村能够维持生态服务并发展经济。"污染型企业—当地"的支付关系与前者相似，指污染型企业应当缴纳一定的生态补偿费（税），用于当地的环境治理、生态建设和科学研究。线的层次指的是流域之间的转移支付，通常是下游地区对上游地区进行生态补偿。面的层次，是在全国范围内由发达地区向欠发达地区进行生态补偿。在当前的国情下，主要是由东部地区支援西部大开发中的生态建设。另外，还应建立专门的生态效益补偿基金，由各级政府根据区域情况，向上级或中央政府提出申请，经审核后由中央财政直接拨付，用于生态修复和维护，并设立专门的监督机构。生态补偿财政转移支付有成本法（边际成本和机会成本法）、生态效益法、灰箱系统法和财政能力法等基本方法。

二是市场补偿。在生态服务的相关主体很明确或已组织起来且数量比较少的条件下，可以通过生态服务的受益方与支付方通过直接的市场交易来实现。相对于政府补偿来说，市场补偿通过市场调节使生态系统的外部性内部化，是一种激励式的补偿。但这种交易形式建立在区域内环境资源有偿使用的市场化机制的基础上，需要政策的引导和规范，在遵循自愿协调的基础上通过谈判或中介的方式来确定条件和价格。该种方式常见于产权明确的森林、水域系统与周边受益地区，以及保护组织与商业机构达成支付报酬的协议等。市场补偿的形式包括生态补偿费、排污权市场交易模式、水权交易模式和直接受益者补偿。应调动市场补偿机制的积极性，鼓励社会各方参与生态建设，培育资源市场，使生态资本化，拓宽资金筹措渠道，探索多形式的生态补偿方式。另外，自力补偿模式也是对以上补偿模式的有益补充。

主体功能区生态补偿的标准可以从基本公共服务是否均等化、居民生活水平是否大致相当、生态服务市场价格是否合理等方面来衡量。基本公共服务包括地方政府维持基本运行的能力和提供公共物品和公共服务的能力，基本公共服务的均等化体现了"机会公平"。作为相对独立的利益主体，地方政府间为追求本地区利益最大化，横向竞争及与上级政府的博弈不可避免，所以在对限制和禁止开发区进行公共物品的补偿过程中，国家担当了公共利益的代表与协调者，地方政府则是其代行者。生态补偿财政转移支付，可以"嵌入"在政府财政能力的均等化，实现政府间人均财政支出的大致相当，在实现生态补偿的同时，也保障了不同地区居民的"机会公平"。居民生活水平的相当体现了追求"现实公平"，居民生活水平是区域经济社会发展权利实现情况的反映，也是主体功能区划兼顾"效率"和"公平"双重目标的体现。对于市场化程度较高的补偿方式，如区域间的"水权"和"排污权"交易，其交易的过程就是生态补偿的过程，成交价格即补偿的标准。因此，应建立合理科学的定价体系和政策体系。制定科学的生态补偿标准可以根据生态系统提供的生态服务来定价或根据生态系统类型转换的机会成本来确定。虽然前者的补偿标准更公平合理，但从目前来看，后一种标准的可操作性较强。在这方面，美国和欧盟的生态补偿标准值得借鉴。在退耕补偿政策中，美国政府利用农户与政府博弈后的结果，化解了许多潜在的矛盾。首先，美国政府根据森林多功能目标，建立了"环境效益指数"和"根据土壤特点经过调整的租金率"评价体系，然后遵循农户自愿的原则，通过竞标机制确定了与自然、经济条件相适应的租金率，达到了对耕地生态进行合理补偿的目的。欧盟则广泛采用"机会成本法"，根据环保措施导致的收益损失来确定补偿标准，并根据不同地区的环境条件因素制定出差异化的区域生态补偿标准。

第7章

生态经济学视野下山东省主体功能区建设实践及探索

7.1 山东省主体功能区概况

7.1.1 山东省的资源环境情况

山东省是我国主要沿海省市之一，位于东部沿海，地处黄河下游，由西北到东南分别与河北省、河南省、安徽省、江苏省接壤，山东半岛伸入渤海与黄海之间，北边与辽东半岛相对，东边与朝鲜半岛、日本列岛隔海相望。全省总面积 15.67 万平方公里，约占全国总面积的 1.6%。山东省气候温和，四季分明，属于暖温带半湿润季风气候。境内中部泰山山地突起，东部丘陵起伏和缓，西南、西北低洼平坦，全省地形以平原丘陵为主，平原、盆地约 97920 平方公里，占全省面积的 64%，山地丘陵约 53397 平方公里，占 34.9%；河流、湖泊 1683 平方公里，占 1.1%。

山东省地处中国大陆东部的南北交通要道，京杭大运河、京沪铁路、京九铁路穿越境域西部，兰烟铁路横贯东西，以及胶济铁路和遍布的公路网络，使山东省境内外四通八达。

山东省矿产资源丰富。全省已发现矿藏有 128 种，占全国 70%以上，已探明储量的 74 种，其中有 30 多种居全国前十位，如黄金、自然硫、石膏居全国第一位，石油、金刚石、菱镁矿、钴、铪、花岗石居第二位，石墨、玻璃和陶瓷原料居全国第三位等。已探明的矿产资源保有量（不含地下水）约 830 亿吨，总有效潜在经济价值约 1.2 亿元。

山东省是全国重要的能源基地之一。境内含煤地层面积达 5 万平方公里，煤炭预测储量约 2680 亿吨，煤炭产量占全国 6%，兖滕矿区是全国十大煤炭基地之一。原油产量占全国近 1/3，拥有全国第二大油田胜利油田和中原油田的重要采区。

山东省拥有与陆域面积相当的海洋国土资源，是我国的典型的海洋大省。山东半岛三面环海，是全国三大半岛之一，海岸全长 3024.4 公里，占全国的 1/6，仅次于广东省。全省近海海域 17 万平方公里，岛屿众多，沿海滩涂面积 3000 多平方公里。海洋经济资源和生物资源非常丰富，滩涂、浅海、港址、盐田、旅游和砂矿等资源丰度居沿海各省市之首，是全国最大的海盐生产基地，主要经济鱼类有 40 种，虾蟹类约上百种，浅海定生海藻 112 种，海珍品对虾、海参、扇贝、鲍鱼等产量居全国首位。除此以外，内陆水域有可养殖面积 400 多万亩。广阔的海域还提供了丰富的旅游资源。

山东省土壤类型较多，主要以棕色森林土和褐色土为主，肥力及产量水平较高。光照资源充足,温度适宜,全省均可满足一年两作的需要。2012 年年底有耕地 751.4 万公顷,森林覆盖率达到 23%。全省总计有植物 3100 种,陆栖脊椎动物 400 多种,鸟类数目占全国的 30%。

山东省水系比较发达,境内水网密布,自然河流的平均密度达到 0.7 公里每平方公里。境内黄河自鲁西南向东北斜贯鲁西北平原,流程 610 公里。京杭大运河纵贯鲁西平原,长 630 公里。南四湖(即微山湖),是全国十大淡水湖之一,总面积 1375 平方公里。但是,山东却是个水资源严重短缺的省份,地表水资源短缺问题十分突出。多年平均水资源总量 306303 亿立方米,占全国水源总量的 1.09%,人均拥有量 334 立方米,仅为全国人均占有量的 14.7%,低于维持地区发展人均水资源量的国际公认临界值。山东省降水量并不丰沛,且蒸发量大,以致径流资源较少,全省多年平均地表径流总量为 198 立方米,同时降水时空分布不均,总体变化趋势是沿海多于内陆,南部多于北部,山区多于平原,导致旱灾成为常见问题,甚至有"十年九旱"的说法。

山东省历史悠久,文化积淀深厚,人文旅游资源丰富。泰山、孔府/孔庙/孔林、青岛的崂山和胶东半岛海滨等是世界文化和自然遗产及国家重点风景名胜区。山东省共有国家级重点文物保护单位 27 处,省级 397 处,国家级历史文化名城 6 座,馆藏文物 60 多万件。

7.1.2　山东省的经济发展情况

改革开放 30 多年以来,山东省经济快速发展,国民经济主要指标位居全国前列,是我国东部沿海经济大省。国内生产总值每年以超过 10% 的速度增加，2012 年 GDP 达到 50013.2 亿元，位居全国第三位，人均 GDP51897 元。城乡居民收入稳步提高，2012 年全年农民人均纯收入 9446 元，比上年增长 13.2%，城镇居民人均可支配收入 25755 元，增长 13.0%（图 7-1 展示了山东省国内生产总值自改革开放以来的变化趋势）。同时，基础设施建设日趋完善，全省公路通车里程总计 24.45 万公里，其中，高速公路通车里程 4975 公里，居全国首位。其他如铁路、航空、港口、电信、邮政、电力、科技事业等建设速度和质量一直保持在全国先进水平。山东省"一体两翼"区域经济发展战略得到推进，由半岛城市群和省会城市群经济圈构成的"一体"和黄河三角洲高效生态经济区及鲁南经济带的"两翼"逐渐走向平衡发展。固定资产投资稳定增长，工业经济效益稳步提高。国有企业改革不断深化，非公有制经济占生产总值比重已达到54.7%，全省有 182 家世界 500 强企业在山东投资发展。

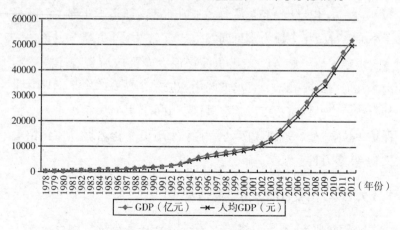

图 7-1　1978~2012 年山东省 GDP 和人均 GDP 变化折线图

资料来源：《山东省统计年鉴》。

按产业分类来看，山东省第一产业占 GDP 比重由 2000 年的 15.2% 减少到 2011 年的 8.8%，第二产业由 50.0% 增加到 52.9%，2000 年以后已经逐渐成为山东经济的主导产业，第三产业由 34.8% 增加到 38.3%（见图 7-2）。总体来讲，经济发展已经处于较高的稳定增长平台。山东省的农业有悠久的历史，一直是我国粮食、棉花、花生和水果蔬菜的重要产区，现在已成为我国农业第一大省，农业总产值居中国各省级地区首位。2012 年全年粮食总产量 4511.4 万吨，农业产业化水平进一步提高，农产品加工增值率提高，且蔬菜产品远销全世界，被称为世界的"三大菜园"之一。山东省的工业基本形成了以能源、化工、冶金、建材、机械、纺织、食品等为支柱产业的体系和重化工业结构。全省有大中型工业企业 5163 家，中国驰名商标 430 个。2012 年，全省规模以上工业实现增加值 24715.9 亿元，比上一年增长 11.4%，其中重工业实现增加值 716797 亿元，增长 11.5%，重工业占规模以上工业增加值的比重由 2000 年的 60% 上升至 67.95%，十年以来所占比重逐年上升，轻工业实现增加值 7922.4 亿元，增长 11.2%，技术含量较高的如机电和高新技术产品出口竞争力增强，分别比 2000 年增长 15 倍和 22 倍。近年来，山东省的服务业有了很大发展，服务业中传统行业如批零贸易、住宿餐饮、交通运输和邮政电信等增长迅速，2012 年实现总收入分别为 5400.19 亿元，881.58 亿元，2328.38 亿元，增长率分别为 13.5%，14.4%，11.4%。新兴服务业如信息技术产业也逐渐崭露头角，实现主营业务收入 1 万亿元。

但是，山东省经济在总体实力显著增强的同时，也存在较大的问题和挑战。首先，山东省是经济大省，总量规模较大，但不

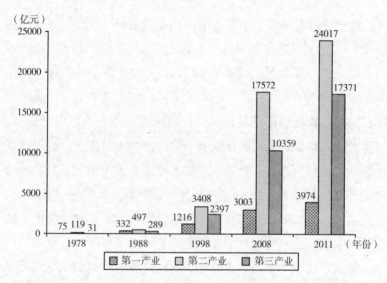

图7-2 1978~2011年山东省三大产业地区生产总值变化趋势
资料来源:《山东省统计年鉴》。

是经济强省,人均水平不高,由于增长方式仍沿袭着外延型扩大再生产,经营机制不够灵活,市场发育水平不高,导致经济效益偏低。相比沿海的其他省市,对外辐射能力和市场竞争力不强。其次,虽然山东省三次产业结构的总体格局在工业化过程中逐步调整,但与发达国及国内领先省份相比仍有差距,一些深层次的结构性矛盾仍然存在。第一产业发展滞后,农业基础仍然薄弱,占比下降趋缓。农业结构调整中存在盲目性,没有完全体现出市场需求的变化。第二产业产出比重升幅过大,技术装备水平及总量规模与先进省份相比存在一定的差距。工业区位优势发挥不够,利用外资较少,同时高新技术产业的投资总量少、增幅低,占整个工业的比重低。第三产业近年发展严重滞后,所占的比重太低,不仅低于世界平均水平,而且也低于全国的平均水平。再次，产业布局存在问题，地区结构趋同，重复建设严重，地区间发展重点和优势产业不突出，地方保护主义仍然严重，造成区域间协作困难，资源浪费，东西差距大，发展不平衡。最后，虽然人口保持低速增长，人口素质进一步提高，但人口基数大，整体文化素质偏低，庞大的人口数量导致人均资源占有量低于全国平均水平，并对教育、就业、养老、医疗等构成巨大压力。

7.1.3 山东省的生态经济发展

7.1.3.1 山东省生态经济研究现状

对生态经济的重视和探索已逐渐成为全世界经济发展的前沿，而山东省是我国的经济大省，经济发展总体上处于国内先进水平，山东省经济发展的理论探索和经验总结，可以成为其他省份的参考、借鉴甚至教训，具有很大的实践意义。目前，研究者们已从多个视角对山东省的生态经济发展展开了研究。

褚岗（2008）对山东省社会经济与生态环境协调发展进行了综合分析及评价。倪书俊（2006）提出山东省循环经济发展的总体思路和对策。包玉香（2010）通过山东省各区域的经济、社会和生态的协调度的计算，得出了山东省经济社会生态协调的发展水平。滕海洋（2008）、杜金辉（2008）构建了山东省生态环境承载力评价指标体系，将生态环境承载力划分为资源承载力、环境承载力、循环经济水平和经济社会支持能力四部分。王俊英（2008）着重探讨了山东省的水生态环境承载力。宋超（2009）以山东省工农业用水为例，研究水资源可持续利用与循环经济发展模式。殷培杰（2011）基于生态承载力理论，从发展度、支撑度和生态弹性度三个方面构建了城市生态承载力评价指标体系，采用因子分析方法，分析了山东省17城市之间的生态承载力及其组成成分之间的差异。朱明明（2012）从相关资源承载力的内涵考虑，采用算术平均模型并综合考虑人口与经济两种承载因素构建出山东省主体功能区的划分标准，基于相对资源承载力的主体功能区划分。王景华（2003）、孙香莉（2004）计算了山东省2003年和2004年的生态足迹。王建源（2007）提出了基于能值分析理论的生态足迹计算的改进模型。王世亮（2007）、彭利民（2011）基于生态足迹模型，对山东省和山东半岛的可持续发展进行了定量化研究。叶焕民（2008）评价了山东半岛城市群的产业生态化现状，并指出阻碍建设生态化城市群的因素和对策。任丽军（2005）从对生态环境影响的角度构建了产业结构合理性评价指标体系，采用统计分析及综合评价方法对山东省17个地区的产业结构生态合理性进行了评价。王继东（2009）研究了生态经济视角下的山东产业结构问题。王凤臻（2000）、宋超（2009）、曹俊杰（2010）、孙能利（2011）、张国利（2010）、李淑娟（2010）、王敏（2011）、王女杰（2010），基于生态系统服务价值，提出了生态补偿优先级作为区域间补偿的重要依据，并探索了山东省区域生态补偿的科学方法。姚慧敏（2009）对山东省农业生态功能区进行了划分。

7.1.3.2 山东省生态经济政策的颁布和实施

进入20世纪以来，山东省对环境保护和生态经济的投入逐渐增加，努力走科技含量高、经济效益好、资源消耗低、人力资源优势充分发挥的新型工业化道路，建立了一大批生态工业园、循环经济型工业园区和"点、线、面"的循环经济试点，制定了地方节能减排和行业污染物排放标准，重点抓煤炭、建材、电力、轻工、化工、冶金等行业，建设扶持资源节约及综合利用示范企业，使生态经济初具规模。同时，山东省政府出台很多政策法规，从多方面规范地区生产和建设（见表7-1）。

表7-1　　　　近年来山东省出台的生态经济政策法规

主　　旨	名　　称	颁布时间
资源节约	山东省民用建筑节能条例	2012年11月
	山东省节约能源条例	2010年4月
	山东省农村可再生能源条例	2007年11月
	山东省资源综合利用条例	2004年8月
	山东省用水总量控制管理办法	2011年1月
	山东省再生资源回收利用管理办法	2009年9月
	山东省新型墙体材料发展应用与建筑节能管理规定	2005年11月
	山东省节能监察办法	2005年11月
	山东省节约用水办法	2003年8月
	山东省节约能源"十二五"规划	2011年10月
	关于加快山东省新能源和节能环保产业发展的意见	2009年6月
资源节约、环境保护	山东省"十二五"节能减排综合性工作实施方案	2011年11月
	加强焦化企业管理促进焦化行业节能减排工作的意见	2008年5月
环境保护	山东省环境保护"十一五"规划	2006年8月
	山东省森林和野生动物类型自然保护区管理办法	2004年11月
	山东省地质环境保护条例	2004年11月
	山东省海洋环境保护条例	2004年9月
	山东省农业环境保护条例	2004年8月
	山东省风景名胜区管理条例	2004年6月
	山东省基本农田保护条例	2004年6月
	山东省海域使用管理条例	2004年6月

续表

主　旨	名　　称	颁布时间
环境保护	山东省环境保护条例	2001 年 12 月
	山东省水污染防治条例	2000 年 10 月
	山东省森林资源管理条例	2000 年 7 月
	山东省湿地保护办法	2013 年 3 月
	山东省渔业资源保护办法	2002 年 9 月
	山东省环境污染行政责任追究办法	2002 年 5 月
	山东省防治环境污染设施监督管理办法	2000 年 6 月
	加强生产建设项目水土保持方案审批管理的意见	2012 年 6 月
	山东省湖泊保护名录（第一批）	2013 年 1 月
	山东省林地保护利用规划（2010－2020 年）	2012 年 11 月
	山东省钢铁产业淘汰压缩落后产能实施方案	2012 年 10 月
	山东省环境保护"十二五"规划	2011 年 12 月
	林地保护利用规划	2010 年 11 月
	关于加快两湖一河流域畜禽规模养殖污染治理的意见	2007 年 2 月
可持续发展	开展水生态文明城市创建工作的意见	2012 年 10 月
	关于金融支持山东半岛蓝色经济区发展的意见	2011 年 11 月
	关于黄河三角洲高效生态经济区未利用地开发利用的意见	2011 年 9 月
	关于金融支持黄河三角洲高效生态经济区发展的意见	2010 年 5 月
	关于进一步促进经济增长方式转变的意见	2007 年 2 月
	山东省循环经济试点工作实施方案	2007 年 1 月
	黄河三角洲高效生态经济区发展规划	2008 年 3 月
生态补偿	关于在南水北调黄河以南段及省辖淮河流域和小清河流域开展生态补偿试点工作的意见	2007 年 7 月

资料来源：山东省政府网站。

7.1.3.3 山东省生态经济发展中的问题

但是，在山东生态经济发展实践中，还存在着比较严重的问题，使生态经济的发展远远跟不上社会和经济的整体水平，表现在以下方面：

（1）山东省经济仍以粗放型的发展方式为主，能耗量大，资源利用效率低，环境污染严重。虽然随着技术创新能力的增强，山东省单位 GDP 能耗近年呈递减趋势，但是能源消费的增长远高于能耗降低的幅度。山东省把主要精力放在经济和产量的增长上，高资源投入、高污染排放、低劳动力价格、低价格倾销的发展模式占主导地位。与发达国家相比，山东省劳动生产率仅为发达国家的 1/40，单位国内生产总值能耗则是其 2～5 倍，原材料投入中，钢材是 2～4 倍，水泥 2～11 倍，化肥 2～13 倍，国内生产总值快速增长的背后是过大的资源与环境的代价。同时，由于对新型清洁型能源的开发技术水平落后，山东 83% 的煤矿和 75% 的金矿均为小型矿山，开发利用方式粗放，资源浪费十分严重。矿产资源开发和利用过程中产生的废水、废气、废渣又成为大气、水体、土壤环境的重要污染源。

（2）山东省产业结构相对落后，能耗型重工业比重过大，生态环境不堪重负。山东省工业化从资源型工业起步，制造业占主导，正处于工业化起飞阶段，长期以来，山东省的支柱产业为钢铁、化工、建材、机械等高耗能产业，第二产业在三产中的比重逐步上升，煤炭、钢铁、石油是拉动 GDP 增长的主要力量，工业污染物排放压力大。资源开发型产业包括煤炭、电力、钢铁、冶金、化工、机械、建材及造纸、纺织、酿造等，具有耗水多、耗能高、污染重的特点，节能降耗任重道远。山东省的能源结构以煤炭为主，而煤炭的二氧化碳排放系数相当于石油的1.25 倍、天然气的 1.7 倍，山东省以煤为主的能源结构导致了山东能源消耗和大气污染物排放随着经济增长而增长，以至居全国首位。能源结构能源结构对生态环境，特别是大气环境影响很大，山东省主要的大气污染物为二氧化硫和 PM10，属煤烟型污染，山东半岛也是我国长江以北的一个独立的酸雨区。由于山东省工业大部分集中在大城市，造成污染物排放的"空间拥挤"，使能源、水源、交通的供应日趋紧张，城市环境基础设施建设的滞后和功能不配套，使城市环境质量处于较低水平，影响到投资环境和居民生活质量。

（3）山东省虽然资源丰富，但自然资源相对短缺，从某种意义上说，山东省已经进入了资源短缺时代。第一，从统计数据上看，山东省 GDP 和能源生产总量都呈增长趋势，但能源生产年增长率远远落后于 GDP，实际上，山东省能源产业相对于社会经济发展来说发展滞后，煤、油、电的供应长期处于紧张状态，不能满足经济发展的要求，能源供需的矛盾越来越突出。而且原煤在能源的终端消费中占较高的比例，境内发电厂绝大多数是火力发电，利用率低、消费量大、破坏、浪费严重。第二，山东省水资源严重短缺，水生态平衡失调，生态用水无法保证。生活用水和工业用水量大幅增加使山东省水资源承载力指数逐年下降，而水资源短缺造成河流径流不足、自净能力差，地下水位下降、海水内侵，不合理使用化肥农药、畜禽水产养殖污染物无组织排放等，导致省控地表水质均受到不同程度的污染，又反过来加剧了水资源短缺。黄河断流，由环境污染引发的近岸海域赤潮时有发生，水污染使淡水渔业资源的产量降低。第三，长期对海洋资源的无序、无度开发和近海污染,使得海洋资源锐减,难以恢复。陆地、海上排污、近海养殖、船舶泄油事故等导致海水域污染严重,导致现有野生物种日益减少,海洋服务功能急剧衰退。渔业再生能弱,捕捞能力相对过剩使渔业资源严重衰退。第四,山东省全省水土流失严重,土沙化、盐渍化威胁大,人多地少矛盾突出。山东省占全国1.6%的土地却养育了全国7.3%的人口,人均耕地面积一直低于全国和世界水平,且耕地面积逐年减少。耕地中低产田面积较大,未利用土地开垦困难。每年随土壤流失的氮、磷、钾营养物质约折合标准化肥350万吨,全省沙化土和盐渍化土面积占土地总面积的11.7%。另外,工业、交通、城镇及农业等基本建设占用、浪费耕地的现象严重,影响到粮食生产和有效供给,甚至粮食安全。第五,森林覆盖率偏低,且地区分布不均,结构不合理,水分涵养、防风固沙、净化空气等生态功能低下。原始森林早已不存在,次生天然林只分布在个别山区。从森林质量上看,全省90%为中幼林,成熟林仅占10%左右,郁闭度低,且植物种类单一,林地结构简单,抵抗干旱、病虫害及其他外来干扰的能力低下,无法实现其应有的生态作用和社会经济作用。野生动植物资源骤减,病虫鼠害多发,珍稀物种多濒危甚至灭绝。第六,山东省矿产资源短缺,利用效率不高,无序开发引发地质灾害。山东省矿产资源总量在全国居中等丰富,但人均占有量少,作为一个化学工业大省,许多原料矿产紧缺严重。矿山开采过程中依然存在着经营粗放,浪费和破坏现象,并引发了一系列生态环境问题,引起地面塌陷、地裂和地下水疏干等问题,超采地下水使城市地下水位降落形成漏斗区,采砂造成土壤沙化、大气扬尘。

(4)生态经济支撑体系不完善,生态思想建设尚不完善。

山东省在人口、资源、环境等重要领域制定了一系列以可持续发展为指导思想的地方法规，但在建设实践和具体实施中，现有的政策法规体系还不健全，不能完全适应和满足生态经济发展的需要。一方面，法规政策之间存在大量的冲突和不协调，管理体制"条块分割"，行业垄断增加了彼此之间的交易成本；另一方面，区域产业共生体系难以发展壮大，统一市场条件需要改善，价格形成机制和价格核算机制都存在不相适应的问题。另外，宣传教育工作也不是非常到位。

7.2 山东省主体功能区划分

7.2.1 统计模型介绍

因子分析的基本思想是通过对变量（或样品）的相关系数矩阵（或相似系数矩阵）内部结构的研究，找出能控制所有变量（或样品）的少数随机变量来描述多个变量（或样品）之间的相关（相似）关系，但这少数几个随机变量是不可观测的，称为因子。然后根据相关性（或相似性）的大小将变量（或样品）分组，使同组内的变量（或样品）之间相关性（或相似性）较高，而不同组的则较低。

$$\begin{cases} X_1 = a_{11}F_1 + a_{12}F_2 + \cdots + a_{1m}F_m + \varepsilon_1 \\ X_2 = a_{21}F_1 + a_{22}F_2 + \cdots + a_{2m}F_m + \varepsilon_2 \\ \quad\vdots \\ X_p = a_{p1}F_1 + a_{p2}F_2 + \cdots + a_{pm}F_m + \varepsilon_p \end{cases} \quad (7.1)$$

$$X = A F + \varepsilon \qquad (7.2)$$
$$_{(p \times 1)} _{(p \times m)(m \times 1)} _{(p \times 1)}$$

其中，$X = (X_1, \cdots, X_p)'$ 是可实测的 p 个指标所构成 p 维随机向量，$F = (F_1, \cdots, F_p)'$ 是不可观测的向量，F 称为 X 的公共因子或潜因子，即前面所说的综合变量，可以把它们理解为在高维空间中的互相垂直的 m 个坐标轴；a_{ij} 成为因子载荷是第 i 个变量在第 j 个公共因子上的负荷，如果把变量 X_i 看成 m 维因子空间中的一个向量，则 a_{ij} 表示 X_i 在坐标轴 F_j 上的投影，矩阵 A 成为因子载荷矩阵，ε 称为 X 的特殊因子，通常理论上要求 ε 的协方差阵是对角阵，ε 中包括了随机误差。

将因子载荷矩阵中各列元素的平方和记为：

$$S_j = \sum_{i=1}^{p} a_{ij}^2 \quad j = 1, \cdots, p \qquad (7.3)$$

称 S_j 为公共因子 F_j 对 X 的贡献，即 S_j 表示同一公共因子 F_j 对诸变量所提供的方差贡献之总和，它是衡量公共因子相对重要性指标，在提取因子方差贡献率为 80% 以上。

因子分析的数学模型是将变量（或样品）表示为公共因子的线性组合：

$$X_i = a_{i1}F_1 + \cdots + a_{im}F_m \quad i = 1, \cdots, p \qquad (7.4)$$

由于公共因子能反映原始变量的相关关系，用公共因子代表原始变量时，有时更有利于描述研究对象的特征，因而往往需要反过来将公共因子表示为变量（或样品）的线性组合，即：

$$F_i = \beta_{j1}X_1 + \cdots + \beta_{jp}X_p \quad j = 1, \cdots, m \qquad (7.5)$$

上式称为因子得分函数。

由于因子得分函数中方程的个数 m 小于变量的个数 p，因此不能精确计算出因子得分，只能对因子得分进行估计。

聚类分析亦称群分析，是研究事物（样本或指标）分类的一种基本多元统计方法。人们认识事物时，往往先把被认识的对象进行分类，以便寻找其中相同与不同的特征。分类即相似元素的集合，分类学是人类认识世界的基础科学，在自然科学、社会科学研究和工农业生产等领域广泛应用。聚类分析的基本思想是认为研究的样本或变量之间存在着程度不同的相似性或亲疏关系。根据一批样本的多个观测指标，直接比较各事物之间的性质，按照一定的统计量计算样本或指标的相似程度，以这些统计量为依据，将相似程度较大的样本（或指标）聚合为一类，将性质差别较大的归入不同的类，直到把所有的样本（或指标）都聚合完毕，形成一个由小到大的分类系统。聚类的原则是同一类中的个体有较大的相似性，不同类的个体则差异较大。

根据分类对象的不同，聚类分析又分为样本聚类和变量聚类，前者是对事件或观测量进行聚类，根据反映被观测对象特征的变量值进行分类。变量聚类亦称为 R 型聚类，即根据所研究的问题，从反映事物特点的众多变量中选择部分变量对事物某一方面进行研究。当已知要聚成的类数时，可以使用快速聚类方法，将观测量很快地分到各类中去，处理速度快，占用内存少。

如果选择 n 个数值型变量参与聚类分析，最后要求聚类数为 k，则首先由系统（或用户）选择 k 个聚类中心，将 n 个变量组成 n 维空间，根据到聚类中心的距离最小原则，将所有的观测值分成 k 类，形成第一次迭代。再将 k 个类的中心（均值）作为新的聚类中心，重新按照距离进行分类，按照这种方法依次迭代下去，直到达到指定的迭代次数或达到中止迭代的判据要求（SPSS默认为 10）时，聚类过程结束。

7.2.2　指标体系构建

很多研究者对主体功能区的划分标准做了创新性的研究，但由于目前还没有公认权威的全国和省级主体功能区划分指标体系可供参考，本书结合山东省的生态环境条件和经济发展情况，试图从生态经济发展的角度，比较山东省 17 地市的资源环境承载力、开发密度和发展潜力，划分主体功能区。

（1）资源环境承载能力，包括资源承载力和环境承载力，是主体功能区划分最为客观、最为重要的依据。本书分别用人均水资源占有量、人均耕地面积、人均林地面积和万元 GDP 废水排放量、万元 GDP 废气排放量、万元 GDP 固体废弃物产生量来反映①。

（2）现有开发强度，通过土地利用强度、资源利用强度、经济聚集度三个因素反映出来，对应的指标分别为单位国土面积 GDP 产出量、建设用地面积比重、万元生产总值能耗、人均用电量和人口密度。

（3）发展潜力，反映了山东省地区可持续发展的能力和未来发展空间。其中生态基础由森林覆盖率、湿地面积占国土面积比重和降雨量指标构成。需要说明的是，由于水资源成为山东省发展的制约瓶颈，结合山东省历史上发展的整体分布情况，本书

---

①　山东省沿海地区的海洋资源是地区发展的重要资源之一，但是由于受到地理位置是否临海及海洋资源的量化困难的关键因素制约，本书并未选取。

特别选取了降水量作为衡量地区发展的生态指标。"十一五"期间 GDP 年均增长率、恩格尔系数、农林牧渔服务业占 GDP 比重体现了山东省各地区近年来的经济增长水平，收入分配和绿色产业状况，共同反映了地区的整体经济环境。最后节能环保占财政支出比重反映地区的环保投入，显示了地方政府对生态环境保护的重视程度。

选取各地区最近指标数据（见附录），力求从宏观上全面准确地反映主体功能区总体分布。为了避免受到地区面积、人口和地理位置差异的影响，本书尽量选用人均指标和比重指标，以达到科学、客观反映地区总体情况的目的。

山东省主体功能区划分指标体系，如表 7 - 2 所示。

表 7 - 2   山东省主体功能区划分指标体系

支持层	因素层	指标	代码
资源环境承载能力	资源承载力	人均水资源占有量	X1
		人均耕地面积	X2
		人均林地面积	X3
	环境承载力	万元 GDP 废水排放量	X4
		万元 GDP 废气排放量	X5
		万元 GDP 固体废弃物产生量	X6
现有开发强度	土地利用强度	单位国土面积 GDP 产出量	X7
		建设用地面积比重	X8
	资源利用强度	万元生产总值能耗	X9
		用电量	X10
	经济聚集度	人口密度	X11

支持层	因素层	指　　标	代　码
发展潜力	生态基础	森林覆盖率	$X12$
		湿地面积占国土面积比重	$X13$
		降雨量	$X14$
	经济基础	"十一五"期间 GDP 年均增长率	$X15$
		恩格尔系数	$X16$
		农林牧渔服务业占 GDP 比重	$X17$
	环保投入	节能环保占财政支出比重	$X18$

7.2.3　结果分析及政策建议

本书采用均值法对原始数据进行了无量纲化处理，避免指标变异和信息损失。根据各地级市的综合得分，运用 SPSS 16.0 进行聚类分析，得出的主体功能区聚类，如表 7-3 所示。

表 7-3　　　　　　山东省主体功能区划分结果

Case Number	X18	Cluster	Distance	定　位
1	济南市	3	159.041	优化开发区
2	青岛市	3	106.905	优化开发区
3	淄博市	3	210.989	优化开发区
4	枣庄市	3	59.006	优化开发区
5	东营市	1	95.578	限制开发区
6	烟台市	2	111.224	重点开发区
7	潍坊市	3	265.443	优化开发区
8	济宁市	3	129.758	优化开发区
9	泰安市	3	135.402	优化开发区

续表

Case Number	X18	Cluster	Distance	定 位
10	威海市	2	192.682	重点开发区
11	日照市	2	119.031	重点开发区
12	莱芜市	3	180.438	优化开发区
13	临沂市	2	158.945	重点开发区
14	德州市	1	115.900	限制开发区
15	聊城市	1	144.145	限制开发区
16	滨州市	1	181.563	限制开发区
17	菏泽市	1	157.893	限制开发区

在《2011 年全国主体功能区规划中》中，山东省没有国家级重点生态功能区。被划入国家禁止开发的区域包括自然保护区、世界文化自然遗产、风景名胜区、重要湿地、森林公园、地质公园和重点文物保护单位，点状分布于优化开发、重点开发、限制开发三类区域中，总面积共 5646 平方公里，占全省的 3.6%。

山东省各类主体功能区面积、人口与地区生产总值，见表 7-4。山东省优化开发区包括济南、青岛、淄博、枣庄、潍坊、济宁、泰安、莱芜 8 市，重点开发区包括烟台、威海、日照、临沂 4 市，限制开发区包括东营、滨州、德州、聊城、菏泽 5 市。需要解释的是，这种划分与通常情况下人们谈及的山东省各地市经济发展总体水平、国民生产总值和增长率、城市竞争力的排序以及山东省人民政府 2013 年 1 月颁布的《山东省主体功能区规划》并不完全一致，原因在于：首先，本书是在生态经济发展的基础上对山东省主体功能区进行划分，除了资源环境承载力以

外，对于开发密度和发展潜力的描述也是从生态经济角度展开
的，忽略了投资、消费、贸易、人力资源、政策等影响经济增长
和发展的其他因素。其次，划分结果是相对的。实际上，山东省
在全国范围内应被整体划入优先开发区，而本书研究是在山东省
内部进行了划分，显示出各地市的相对地位和应承担的主体功
能。最后，划分结果与国家主体功能区规划政策文件中的指导意
义也不完全相同，本书划分结果更重要的意义在于，建议各地市
按照主体功能区的定位调整发展思路，将可持续性放在发展目标
的首位。优先开发区日后应关注产业的优化升级，重点开发区可
以将地区建设重点放在经济发展方面，限制开发区则应首先保护
和恢复地区生态环境。

表 7-4　山东省各类主体功能区面积、人口与地区生产总值

区划类型	县级行政区（个）	面积		人口		地区生产总值	
		总量（平方公里）	占全省比重（%）	总量（万人）	占全省比重（%）	总量（亿元）	占全省比重（%）
优化开发区	68	66196	42.24	4809.28	49.90	25218.52	55.59
重点开发区	32	41676	26.60	2268.62	23.54	11002.30	24.25
限制开发区	40	48833	31.16	2559.36	26.56	9920.58	21.86

资料来源：《山东省统计年鉴（2012）》。

具体来看：

（1）优化开发区。城市资源相对丰富，开发强度较大，发
展潜力也比较大。可以分为两部分，其中济南是省会，青岛是副
省级城市，与淄博、潍坊都处于山东半岛地区，是山东省经济发
展的发达地区。这4个城市是带动全省经济发展的龙头，经过了

长期的经济高速发展，经济发展水平高，且拥有雄厚的经济和技术实力，有能力发展生态经济，实行环境政策。另外的泰安、济宁、枣庄、莱芜4市地处山东省中南部，森林资源和水资源相对丰富，发展潜力较大，但发展水平在全省处于中下游，关键原因在于产业结构的失衡以及发展理念的落后，生态系统受到了严重的干扰和破坏，成为全面发展的瓶颈。

针对优化开发区资源环境承载力递减，区域经济和生态关系紧张的状况，应针对优化开发区制定比全省更为严格的污染物排放标准，全面实行总量控制和排污许可政策，如《山东省"十二五"节能减排综合性工作实施方案》要求到2015年，全省万元地区生产总值能耗比2010年降低17%，优化开发区则应该降低20%以上。率先增加污染总量控制种类，紧缩大型企业污染物排放量配给额度，强制淘汰落后工艺，分期逐步加大整治力度，加大清洁生产审核力度，明确新建企业清洁生产审核指标和目标。把区域规划环境评价列入城市规划和建设编制，从城市布局上保障人居环境质量和生态安全格局。试行排污权交易政策，包括分配、定价、运作和交易市场建设，提高治污者积极性。对生态敏感区和重要生态功能区实行严格保护，应主要由财政投入为主，建设生态隔离带、生态廊道等大规模修复工程。

（2）重点开发区。烟台、威海、日照、临沂4市相对于优化开发区而言，经济基础薄弱一些，现有开发密度也小，但资源环境承载力较强，发展潜力较大。其中，烟台和威海资源丰富，城市发育较好，属于经济和人口聚集条件较好的区域。日照和临沂是后起之秀，近年来发展迅速，且找到了独具特色的地方支柱产业，但是由于城市的基础设施较差，工业化和城市化都落后一些。

重点开发区区域总体环境承载力较强，且有一定环境容量富余，未遭到严重破坏。环境政策的目标为控制污染，保证环境质量，维护生态系统良性循环。但该类区域与优化开发区相比内部差异较大，只能针对不同地区的区位、经济和生基础条件及发展趋势制定政策。促进经济增长方式转变，在区域规划中以专项形式开展开发园区环境影响评价，合理利用环境容量，制定与各地区和不同类型企业（如国家禁止、淘汰、限制、鼓励型）相应的污染排放标准。通过提供贷款和资金、税收优惠的方式扶持循环经济和低耗能、低污染生产企业；对污染企业实行惩罚性措施，如贷款额度限制、流动资金高利率、资本市场准入限制、后续资金限制和惩罚性退市等审核和监管制度，严禁盲目和无序发展，明确地方政府的监管责任。加大生态建设投入，提高区域生态承载能力。另外，该类区域还要充实如交通、通信、输配电、城市公用设施等基础设施，发展具有比较优势的生态产业集群，促进工业化和城镇化，承接优化开发区域的产业转移和限制、禁止开发区域的人口转移。

（3）限制开发区。东营、滨州、德州、聊城、菏泽 5 市分布在山东省的西部，属于生态脆弱区，除了东营以外，经济比较落后。而东营虽然是胜利油田所在地，人均 GDP 在山东省居首位，但生态代价巨大，环境恶化程度也最为严重。在这些城市，要坚持保护优先、适度开发、点状集约发展的原则，以生态环境为依据确定开发强度和范围，建设区域生态功能区。制定或提高资源消耗、生产规模、环境影响、工艺技术方面的强制性产业准入门槛。控制大规模工业和城镇建设，引导限制类产业的优化升级，对超过标准的排污加倍收取排污费，清理淘汰类产业。因地制宜发展特色生态经济和低耗能、低水耗的可承载产业，引导不适宜居住和生态脆弱敏感区超载人口有序转移，缓解生态与经济的紧张关系。

限制开发区最重要的环境政策是生态补偿机制的建立。逐步将生态补偿政策制度化，并将补偿资金纳入环境基金和财政转移体系。加大优化、重点开发区向该区域以及区域内部高收入、重工业产业向第一产业和生态产业的财政转移，使其制度化、规范化，平衡地区间的利益得失。细化生态政策，明确部门职责和分工，弱化对经济增长、工业化和城镇化水平的考核评价，突出生态环境保护评价，经济和行政手段相结合，对政府直接责任人员追究行政责任。完善相关的配套政策，如对退耕还林还草的经济补偿和林区职工安置等政策。开征自然资源税，如土地、森林和水资源使用费，费用多少根据开发使用的资源数量、面积及稀缺程度、利润率确定，一方面约束自然资源利用，另一方面也补偿了环境资源损失。征收流域生态补偿税、建立流域生态补偿基金，培育发展森林生态效益补偿多元化融资渠道，实行信贷优惠、引进外资。

（4）禁止开发区的发展目标是维护生态系统结构和功能完整，保障地区生态安全。区域内依法实行强制性保护，杜绝破坏、污染等有悖于主体功能的活动。在生物多样性敏感区域的规划中，引入生物多样性评价，根据生态系统类型、主要物种及生境等，进行针对性保护。加强对工作人员和居民的培训和教育。制定中长期移民规划，迁出生态保护区核心区域人口。以政府投资为主建立资金支持制度，建设生态保护区基础设施。设立专项财政转移支付预算科目，完善管理体制，保证地区稳定资金投入，除了支持保护区建设的补偿渠道之外。政府应完全承担地区基本公共服务设施建设，保障教育、医疗和公益支出，让居民享受到公平的基本公共服务。

总体来看，山东省还需探索有效的环境监管体系，在各市和县设立隶属于省级环保部门的监察分支机构，协调环保政策的执行，并减少地方保护主义的干预和短期行为。加强环保监管的问责，形成严厉的责任追究和违规处罚机制。

对限制和禁止开发区长期、稳定、充足的环保资金投入是主体功能区形成的关键，但山东省环保资金来源渠道只是单纯的地方政府环保经费投入，不同功能区财政收入悬殊，很多地区不能满足环境保护需要。因此，各地市应该结合本地实际，借鉴国内外经验，开拓环保资金来源。通过价格、财税、贷款贴息等政策手段，鼓励社会资本投入环保产业、公共环境设施建设，或为污染控制设施建设、清洁技术开发以及污染受害者赔偿等筹措和提供资金。

7.3 山东省主体功能区规划

7.3.1 山东省生态产业发展规划

山东省作为我国发展处在前列的经济大省，既有发展生态产业的必要性，也有发展生态产业的实力。发展绿色经济，例如探索和利用风能、水能、氢能、生物能以及节能减排等，都需要大量的资金投入和技术创新，而近年来山东省经济总量的迅猛增长为这些提供了资金支撑，为生态产业的发展提供了可能。

产业生态化，需要根本性的经济变革，任重道远。基于山东省的实际和特点，应以降低能源消耗、节约资源和保护生态环境为切入点，通过产业政策使产业结构和供需结构优化升级，改造升级传统产业，淘汰落后的生产工艺和生产能力，发展高附加值的现代服务业，推行清洁生产，开发清洁能源。同时，根据各地市不同的经济基础和地理优势，打造产业集聚带，例如《山东半岛城市群总体规划（2006－2020年）》中提出打造东营—淄博的石化和医药产业带、济南的电子信息产业带、青岛—日照的家电制造产业带、烟台—威海的汽车制造产业带、潍坊—即墨的纺织服装产业带、日照—青岛—威海—烟台的海洋产业带，并以此为基础支持和带动全省生态产业的发展。

7.3.1.1　山东省生态农业规划

山东省属于暖温带半湿润季风气候，热量资源充足，温度适宜，可满足农作物一年两作的需要，但降水多集中在6～9月，故夏季易涝，冬春又常旱，对农业生产影响较大。大部分地区土地平坦，土层深厚，多为棕壤和褐土，肥力及产量水平较高，利于农耕和灌溉。

山东省从1985年开始在部分地区进行了生态农业试点，生态农业的发展经历了试验研究、扩大试点、试点县建设阶段，生态农业进一步扩大与推广，形成了山区型、沿海型、平原型、丘陵型、湖区水乡型、城郊型和黄河三角洲等多种发展模式。目前，山东省现代生态农业发展已经初具规模，覆盖面积超过20%，促进了农业标准化和农产品国际贸易。生态农业建设带动农业产业化并延伸农业产业链，多种经营方式和多元主体形成了利益共享、风险共担的关系。但是另一方面，山东省农业发展的大部分还是基本沿用粗放经营的传统模式，土地资源稀缺，不合理利用致使土地生态恶化，水土流失面积接近总面积的一半；污染物排放量高，水资源污染普遍，化肥、农药、地膜和固体废弃物等对土地的污染日趋严重，沿海和黄河三角洲地区土地大量盐碱化；水资源过量开采，仍无法满足需求，已对水生态环境造成严重破坏，河水断流、土壤沙化；农业产值和农业就业人口比重过高，农业工业化、城镇化和剩余劳动力转移问题突出；科技创新能力不强，灌溉技术、设备、基础理论研究等落后世界先进水平 20 年，生态农业技术的推广应用力度不够。

因此，山东省应大力树立、推广发展生态农业的新理念，提高农民的文化技术素质，加强生态农业法律体系建设，加快农业标准化建设进程，推动农业技术体系创新，加大生态农业建设投入，保护农业生态环境，减少农业生产的自身污染。在林业领域，推进林业产业化经营，开拓生态林业经济市场，发展速生丰产用材林、名优经济林、木本药材、花卉、森林旅游体系以及林业的"绿色银行"。在畜牧业领域，以生态环境系统的承载能力为依据，发展食草型、节粮型畜牧业，积极发展牧草和饲料作物种植，建设黄河三角洲优质畜产品和牧草生产出口基地，加大品种改良推广的力度，积极实施产业化经营。在渔业中采用生物技术工程，培育并保护近海渔业资源，减轻海水养殖污染。重点加强对海水养殖的布局调整，养殖密度的控制，饲料类型的选择，饵料投放比例与管理，强化对主要病害的监测预报和防治技术的研究应用，依法加强海洋国土渔业资源和水域的综合管理。

从区域上划分为：

第一，鲁东丘陵区，包括山东半岛及沿海生态农业区应充分发展"贸工农"创汇农业，利用广阔的浅海滩涂资源发展水产立体养殖，利用盐碱荒地资源优势发展林、果、草、牧型生态农业，以及利用优美天然的环境、名胜，发展旅游型生态农业。充分利用地表水，完善节水技术，构建沿海防护基干林带和生态经济林，推广旱作农业技术，创建因地制宜的生态农业高科技示范园区。第二，鲁西平原区应实行开源节流，推广节水灌溉和污水处理安全灌溉技术，维护配套农林复合生态系统，提高抗灾能力，加强中低产田的升级，推广"生态果园"模式的旱作农业和立体种植技术，发展特色种植业，建设无公害农产品基地，并使其成为绿色支柱产业，目标定位为黄淮海平原粮棉、瓜菜、畜禽开发生态农业区。第三，鲁中南山区需以植树绿化、沟河拦蓄为基础，以小流域综合治理为单元，加强对各种农业动植物资源的开发利用和保护，发展"四位一体"生态温室种养模式、林果—粮—牧型生态农业模式和种、养、加产业化生态农业模式，建立多层次山区立体生态防护体系。第四，济青高速公路和京九铁路沿线地理位置优越，涉及地区较多，应突出抓好农业环境污染监测、污水处理和节水灌溉工程、农产品精深加工，结合实施土壤培肥、无公害农产品建设和特色农业开发项目。两线经济优势较明显，故该区主导产业应重点发展种植业、畜牧业各相关产品的规模化经营和精深加工，同时也应搞好经济价值较高经济作物的生产，建成山东省粮食和畜产品主产区。第五，黄河三角洲模式定位为阻止土地盐碱程度的进一步恶化，培育新的高科技、高效农业增长点，保护和改善黄河三角洲的生态环境，合理调整粮经作物种植比例，保护、扩大黄河三角洲林业生态保护区，加强海洋生物资源的保护与开发、技术研究等工作。

7.3.1.2 山东省生态工业规划

山东省生态工业应从两个方面来发展，一手抓传统工业产业的改造和淘汰，一手抓新兴绿色产业和新能源的开发，缺一不可。

生态工业的最大特点即低耗、高效的资源利用方式，因而对于资源利用率低下、污染排放量大、污染物毒性高和治理能力落后的企业，应当使其自然淘汰或被强制淘汰。坚决杜绝高能耗和污染企业入驻山东，通过在资源、能源、环境消耗标准等方面的多道门槛，对现存的这类企业达不到要求的进行强制淘汰。而对于可以改造的传统产业，则进行生态化调整，采取清洁生产、技术改造、制定能耗标准及技术标准、补充产业链条、构建公共资源利用平台。促进纺织服装、皮革、印刷、印染、电镀、家具等传统产业降低污染和能耗，建设产业集聚基地，集约利用土地，减少治污成本。实现工业部门内部的产业结构从低级向高级、从低附加值向高附加值、从低加工向深加工调整，拉长产业链，加大产业关联度。

在区域内，进行产业功能调整，构建不同产业间生态化协作体系，实现旧工业区的生态化改造，将生产工艺流程相似、排出废水成分相近或相互间能起中和反应的企业，建设在同一集中供能型、集中治污型和废弃物资源化型的生态产业园区或产业基地内，对产业集聚基地进行生态化评估，发展循环经济。以青岛为例，在发展工业基地和产业集群的基础上，青岛市需要改造传统产业，引进上下游产品链接项目，实现生态产业体系由单一型向复合型的转变。以大炼油项目为"龙头"，拉长与钢铁、造船、电子家电、汽车产业的链条，建设资源循环利用型化工产业基地，规范加强资源环境的准入制度和淘汰制度，设计地方指标，限制电力、建材、石化、酿造、冶金、印染、轻工行业产品的单位产值能耗、水耗和污染排放强度；综合治理和利用资源，变"三废"为宝藏，根除胶州湾浅滩白泥、钢渣等重点污染源；以市北新产业基地、胶南国际环保产业园、青岛出口加工区为综合循环经济重点示范园区，整合改造原有工业园区，建设特色生态工业。

　　第二产业的生态化调整集中在电子信息、装备制造、能源、汽车、精细化工、生物医药等领域。除了这些现有的产业以外，山东省还应该重点培育符合生态经济理念的朝阳产业，从根本上建设环境友好型工业，研发拥有自主知识产权的环保技术和产品，推广先进、成熟且国内市场需求量大的环保技术和产品；培育具有国际竞争力的环保骨干企业和大型环保产业集团，增强整体竞争力；建设环保产业园，整合现有环保产业资源，从设计开始就要遵循生态经济的基本要求。工业结构升级的内在动力来自于高增长产业、战略性产业的成长，而高增长产业增长速度快、带动效应强，其动力来自于先进技术；战略性产业关联度强、技术密集度高，其动力来自于市场需求，代表性的如电子信息、数控机床、电力设备、生物工程、中医药、核工业及新能源、新材料等。

　　生态经济是一种清洁经济，开发清洁能源、遏制污染是其必然出路。清洁能源包括核能和太阳能、生物能、海潮能、地热能、水能等可再生能源，美国、日本、冰岛、新西兰等西方国家均优先开发地热能源，将其作为煤炭、石油的重要替代型能源。山东省的 17 个地市几乎都有地热资源，地热面积达 100.53 万公顷，地下可利用地热资源量，相当于 100 亿吨标准煤的热量。因此山东省应改变一次能源消费中以煤炭为主体的消费结构，转向清洁能源开发。同时，山东有条件发挥后发优势，防治生态破坏和环境污染，促进环境库兹涅茨曲线转折点的到来，避免走"先污染、后治理"的西方发达国家的弯路。环境污染的预防费用只有污染后治理所需的 1/10。西方发达国家环境污染转折点对应的经济发展水平为人均 GDP 为 8000 美元，而如果山东省现在就加大环保投入，则可能在人均 GDP 达到 1000 美元时就实现环境污染的转折，避免环境治理的巨额代价，实现可持续增长。

7.3.1.3　山东省生态服务业规划

山东省经济结构的不合理集中表现在第三产业占经济总量的比重过低，而生态产业的规划正为山东省服务业的长足长进提供了契机。

山东省政府应当深化服务业体制改革，转变政府职能，营造服务业发展的良好氛围；健全服务业工作管理制度，积极推进非基本公共服务领域的产业化，坚持有进有退、有所为有所不为的原则，提高竞争性服务领域非公有制的比重；按照社会化、市场化、产业化、生态化的方向，引入竞争机制，加快服务业管理体制改革；完善服务业发展的法律法规，加大环保执法力度，《清洁生产法》中包装减量化、回收利用包装废弃物、限制和提倡、实施绿色标志、对绿色包装实行税收优惠政策就是对发展生态服务业的要求；加大对循环型服务业的政策性投入，在资金的筹集和使用上予以重视；强化企业的环境责任，建立服务企业的绿色通道。在企业层面，应当树立绿色经营理念，提供绿色服务；推行绿色服务设计，加强绿色管理；开展绿色服务营销，培育绿色公关；努力加快服务企业的绿色认证，如国际环境管理体系系列标准（ISO14000）认证、绿色标志认证等。在社会层面上，需要开展环境教育，提高公众环境意识；倡导环保观念，实行绿色消费；建立公众参与综合决策的渠道；充分发挥消费者协会和环保中介组织的作用。例如，在发展旅游业时，建立生态旅游管理机制与经营理念，把生态保护、生态文化、生态教育等融入旅游的各个环节，全力提升旅游业对生态意识培养的作用。其他，如用循环经济理念指导现代商贸、餐饮、娱乐业的发展，推进餐饮娱乐业废物资源化利用，建立大型回收业、租赁业，控制过度包装。实现资源、能源节约，促进废物资源化。

7.3.1.4 山东省海洋生态产业规划

山东省是一个海洋大省，有着丰富的海洋资源，海洋生态产业是山东省经济发展的重要一部分。从全国来看，山东省是环渤海经济带的重要一翼，而从全球来看，山东省则是环太平洋经济圈的重要一环。山东省的传统海洋产业包括海洋渔业（海洋捕捞、海水养殖）、海洋盐业、海洋化工、海洋油气、沿海造船、海洋交通运输、滨海旅游，其中海水养殖、海洋化工等产业一直处于全国领先地位。20 世纪末，山东省提出建设"海上山东"的战略，并颁布《山东省海域使用管理条例》等法律，2009 年山东省海洋 GDP 实现 6040 亿元，达到全省经济的 1/5，滨海旅游业、海洋交通运输业和海洋生物医药、海水利用、海洋新能源等新兴产业发展迅速，海洋基础设施日臻完备，海洋科技进步的贡献率提高，渔民收入增加。但成绩的背后，也不乏问题。沿海

地区的经济及人口增长，给海岸带和海洋造成巨大压力；偏高的
重工业和高能耗产业结构使海洋污染问题突出，海洋资源破坏严
重；海洋资源开发利用方式粗放，产业结构和布局不合理，综合
效益亟待提高；科研转化能力不足，海洋经济核心竞争力亟待增
强；涉海部门职能交叉，综合管理和海陆统筹发展机制亟待
完善。

　　发展海洋生态产业是山东省的经济优势体现，也是责任所
在。首先，应构建特色海洋经济区，可以按照"一洲二带三湾四
港五岛群"的构架展开，这一布局包括了黄河三角洲高效生态经
济区、阳光海岸带黄金旅游区、健康养殖带特色渔业区、沿莱州
湾、沿胶州湾、沿荣成湾综合经济区、青岛、日照、烟台、威海
临港经济区，以及沿海五大岛群开发保护区。其次，加强海洋污
染防治，保护海洋生态环境。加强重点生态功能区的修复与治
理，防治潮灾和海岸侵蚀，控制围填海及围垦滩涂、沼泽地、芦
苇湿地和古贝壳堤。控制近海捕捞数量和强度，建立海洋生态补
偿机制，合理开发保护海岸带、河口资源。再次，增加科研投
入，带来海洋技术的高速发展，积极参与在海洋考察、海洋研
究、海洋资源开发、海洋保护及海洋政治、军事等方面的国际合
作。建立高效的海洋信息网络，围绕着"数字海洋"工程，丰
富海洋信息产品的种类。

　　从产业结构上说，应培植海洋渔业、船舶工业、海洋高新技
术产业、石油和海洋化工、滨海旅游、海洋运输等高素质的海洋
产业体系。规划近海和内陆湖库自然生态渔业、优势水产品生态
工程养殖、水产品加工和渔港经济四大渔业功能区；依托青岛、
烟台、威海三大造修船中心，培育壮大具有较强竞争力的船舶工

业；开发具有自主知识产权的核心产品，把青岛、烟台、威海建成我国一流的海洋生物工程产业基地；加强对海洋油气资源和海洋盐卤资源的勘探与开发，争取把淄博、青岛和渤海湾建成国家的石油化工基地。力争把山东省建设成为全国重要的海洋化工生产基地；优化港口结构，加快港口资源整合，以规模化、深水泊位化、管理信息化和港口功能多样化为目标；开发符合现代旅游需求的生态旅游和特色旅游，加强与京津冀、长三角、珠三角、东北的交流，开拓日本、韩国、东南亚、俄罗斯和欧美旅游市场。

7.3.2 生态城市建设案例——资源枯竭型城市枣庄市的转型

7.3.2.1 资源城市的枯竭

枣庄市位于山东省最南部，面积 4563 平方公里，人口 373 万，下辖五个区和一个县级市，处于苏鲁豫皖交界和淮海经济区中心，我国东部地区的南北过渡地带，地理位置优越，交通便利。2011 年地区生产总值 1561.68 亿元，财政总收入突破 100 亿元。枣庄境内矿产资源丰富，优势矿产有煤炭、石膏、石灰岩等。原煤和水泥产量常年居山东省领先地位。是山东省乃至华东地区重要的能源、原材料生产基地。

枣庄的关于煤炭的历史可谓源远流长，开采煤炭最早在元朝，清朝形成规模，1878 年成立的中兴煤炭公司是我国第一家股份制企业，与抚顺、开滦并称为中国三大煤矿，发行了中国第一张股票。计划经济时期，作为重要的工业城市和能源基地，枣庄市处在优先发展的位置上，1961 年被国务院确定为山东省四个省辖地级市之一。

　　枣庄市因煤而建、因煤而兴，煤炭产业是支柱产业，在经济中占主导地位，是一座典型的资源指向性的煤炭城市。新中国成立至今，枣庄地区共采原煤 6 亿吨，全社会总从业人数有将近一半直接或间接服务于资源型产业的劳动者，形成了以煤炭工业为依托，以化工、冶金、纺织、建材、食品、造纸、电力等为支柱产业，门类齐全而基础稳固的工业体系，有"鲁南煤城"和"建材之乡"之称。

　　然而，与辉煌历史形成鲜明对比的是，经过长期大规模开采，境内可采煤矿储量只剩 5 亿吨，可采年限仅有十多年了，煤炭资源濒临枯竭。2009 年，枣庄市被列入国家发展改革委公布的第二批资源枯竭型城市名单，是山东省唯一入选的城市。

　　资源的长时期开采和近年的枯竭带来了一系列严重问题。一是环境污染和生态破坏严重。枣庄市几乎所有河流都存在不同程度的污染，地下水以及周村水库、岩马水库等主要水库水质堪忧；废水排放量大，工业废水超过一半；废气主要污染物二氧化硫、粉尘和烟尘排放总量全省第一；煤炭资源粗放开采引发大面积的土地塌陷；资源过度开采造成生态环境脆弱，森林覆盖率不到 30%，水土流失、地下水超采严重，生物多样性锐减，病虫害却增加。二是经济结构单一，产业布局失衡，结构调整和节能减排压力大。工业占 GDP 的 60% 以上，其中重工业又占到 75%，且以资源产业、传统产业、上游产业、短链条产业为主，新兴替代产业尚未培植起来，利用境外资金比较少，高技术产业比重偏低。资源型产业的衰退使矿场难以为继，更使以煤炭产业为上游产品的加工业陷入缺少原料的困境。三是由此导致的社会问题，以致发展的后劲不足。枣庄市处于经济欠发达地区，经济发展急功近利，忽视环境保护。民生问题压力大，低收入群体比重大，社会保障包袱较重，就业矛盾突出，低保标准在全省最低。枣庄市的经济发展需要大量人才，但生活环境差和工作条件艰苦导致人才大量流失。城市功能落后，城市空间布局散乱，城市的辐射力、带动力、影响力和聚集效应不强。

7.3.2.2 生态城市的兴起

枣庄市的煤炭"王牌"失去了昔日的光彩，逐渐成为枣庄市可持续发展的沉重负担，解决枣庄市在发展过程中的深层次矛盾和问题，加快经济转型已迫在眉睫。

党的十七大提出："帮助资源枯竭地区实现经济转型"，国家在资源开发补偿、环境修复援助、发展接续替代产业、解决群众就业等方面出台了一系列优惠政策，为枣庄市加快城市转型提供了契机。同时，山东省"一体两翼"的区域发展战略规划，将枣庄市划入重点开发的鲁南经济带，使其承接更多的资金、人才和信息流。在此背景下，枣庄市应建设生态城市，加快城市转型。

枣庄市向生态城市转型具有区位、资源、产业、技术几大优势。枣庄市是山东的南大门，处于苏皖豫鲁交界处，长三角经济圈的最北端，淮海经济区的中心地带，环渤海经济区的南端，使之承接几大经济区的影响和辐射。京福高速公路、京沪高速铁路和京杭大运河都从境内经过，交通优势尤为明显。作为资源型城市，枣庄市距枯竭期、衰退期还有一段时间，煤炭及其他资源还有相当的存量，以煤炭为主的资源型产业处于相对稳定状态，对经济发展的带动作用仍十分突出。枣庄市有煤炭、石膏、水泥、造纸、化工和纺织等主导产业群，在煤炭深加工、"煤—电—热"一体化深发展上已有一定探索，形成初步趋势，为培育新型替代产业，发挥资源优势打下基础。同时，枣庄电力充沛，水资源在省内相对丰富，还有粮食、蔬菜、畜牧、林果、桑蚕、食用菌等特色优势农业，以及丰富的旅游资源。枣庄市兖矿鲁南高科技化工园区为全省仅有的 2 家企业高科技园区，储备了一批包括两项国家 863 高科技煤化工项目，在机械、电子、纺织、造纸等行业培养了一批技术熟练工人、科技人才、企业管理人才和企业家队伍，积累了关键技术，提供了重要的人才和技术保障。

枣庄市发展生态城市可以从以下方面着手：

（1）治理污染，关注民生，改善城市的生态环境和发展环境。以治理污染、修复生态为重点，全面改善枣庄市的生态环境质量。按山东省南水北调污水排放标准，对所有企业进行排查，依法治理，追究责任；突出流域污染治理，实施河道清水长廊工程，完成 7 条出境河流截、蓄、导、用流域综合治理工程；以电厂脱硫和水泥粉尘治理为重点，治理二氧化硫、工业烟尘及粉尘，确保城市空气质量稳定在国家二级标准；建设城镇生活垃圾收集、分类、回收、储运和处理，提高垃圾的无害化处理率；推进重点企业节能降耗；封山育林、退耕还林，实施生物制肥、秸秆综合利用工程，减少农业污染；节能减排；加强采煤塌陷地治理；造林绿化，增加植被碳汇，"十一五"期间，枣庄市新建国家级湿地公园 2 个，森林覆盖率达到 33%，在"十二五"规划中进一步提高。在治理生态环境的同时，增加生态市建设的财政投入，落实目标责任制和考核机制，加大执法力度，加强对环境违法行为的监督。

另外，制定建立完善的社会保障体系长远规划，抓紧法制、政策和配套措施的落实。促进再就业的扶持，组织各类职业培训，重点解决好煤炭企业下岗失业人员再就业问题。推进新农村建设，加快农业化、市场化、标准化和组织化，推进路、水、电、气、医、学、文、厕、澡基础设施建设，提高农村生态环境水平。积极争取中央和省的投资补助和财政专项补助，利用中央资金启动棚改项目，加快棚改进程。增加人力资本投资，促进人才结构转变。选拔年轻、高学历和具有基层工作经验的干部，培养企业家及专业、实用人才。

（2）推进新型工业化，引进高新技术，培植煤炭接续替代产业。根据枣庄的经济基础和现有条件，发展大煤炭产业链，建设鲁南煤化工基地。长期的挖煤、卖煤和粗加工造成低效利用，资源优势尚未形成对工业发展的强劲带动。但枣庄市产业发展速度较快，煤炭开采、洗选业和非金属制造专业等原有主导产业全省领先，因此，应利用目前煤炭产业积累的资金和人才技术，建立不依赖原有资源的工业产业集群，确定产业延伸模式，培育新的区域主导产业。

以煤化工产业为依托，不断拉长煤气化、煤焦化产业链，开发精细化工产品；打造煤—电—化、煤—焦—化、煤—油—化等煤化工产业链，减少煤炭工业的污染物排放；打造精细化工产业链、化肥产业链、清洁能源产业链、煤基烯烃与新型合成材料产业链；采用高新技术，大力发展二次能源和新兴产品；依托兖矿、新奥、枣矿等企业集团，培育以煤化工为龙头的八大工业集群；发展煤电热联合企业，开发高耗电产品，使电能、热能的利用逐步向符合国家产业政策的电化工、电冶炼等高附加值的下游产品延伸，实现二次增值；发展煤焦化，生产焦油、粗苯、过氧化氢等高附加值精细化工产品；加快鲁南高科技化工园区建设；

搞煤电转化，发展煤的系列化加工，拉长煤炭产业链，一方面压缩外销煤总量，启动煤化工产业，继续搞好煤电转化，另外，不再新上煤电项目，而是推进煤化工的深加工和系列化发展，使煤炭就地转化；综合利用煤矸石等废物，利用新技术使煤矸石变废为宝，煤矸石代替黏土用于水泥、砖的生产，可以有效减低煤耗、电耗，并在制备碱胶凝材料、合成陶瓷、产有机复合肥和作为路基材料等方面广泛应用；争取将鲁南煤化工工程技术研究院列入国家科技创新平台项目，并申请国家和山东省省科技专项资金，设立创业投资引导基金，使煤炭资源深加工产业成为最具成长性的战略优势产业。

（3）促进各产业平衡发展，开发旅游资源，寻找新的主导产业。长期单一、僵硬的产业结构困住了枣庄的全面发展。资源型城市产业转型模式包括产业接续、产业替代和符合转型模式，而枣庄市除了煤炭等资源行业，其实还有很多很多优势，除了把煤炭、煤化工、电力、建材等资源型支柱产业放在突出位置外，还应该广泛促进各类产业平衡发展。推进水泥行业资源整合，加快淘汰落后产能，重点开发特种、专用和深加工产品。重点打造以"铁水联运"为主的内河航运，这是一种低碳节能且有价格竞争优势的物流运输形式。利用枣庄市得天独厚的食品生产条件，大力发展生态农业和食品加工业，将枣庄建设成中国芸豆之乡、石榴之乡，马铃薯之乡、樱桃之乡，由于农业属于劳动密集型产业，准入门槛低，能缓解就业压力。扶持近年来成长快、效益好的造纸业，挖掘市场潜力，开发高档文纸和专用纸。

从目前情况看，在众多产业中最有潜力成为枣庄新支柱产业的是旅游业。旅游业作为一项关联性极强的产业，对带动地区经济发展、增加就业、提高人们收入有很大的作用，枣庄具有发展旅游业的一切条件，只是仍需从各方面完善。枣庄旅游资源丰富，拥有生态文化、历史文化、地理文化、水文化和红色旅游各类景观资源和景区景点 70 处，著名的如冠世榴园、台儿庄大战纪念馆、抱犊崮国家森林公园、熊耳山国家地质公园、微山湖红荷湿地、京杭运河古码头、铁道游击队纪念馆。其中，台儿庄古城有保存最为完好的古运河，蕴藏着南北交融、中西合璧的运河遗产文化，微山湖红荷湿地基本处于原生状态；冠世榴园被上海吉尼斯列为世界第一；抱犊崮国家森林公园是鲁南至山东地区唯一的以杂木林为主的国家风景园林。旅游资源类型多样，景观构成丰富，组合性好，延伸性强，且具有一定的知名度，如台儿庄古城拥有着深厚的文化底蕴，作为枣庄的旅游龙头项目方兴未艾，已成为一块招牌。

枣庄市旅游业发展存在的问题是：旅游资源开发比较粗放，社会对旅游业的认知不足，资金投入有限，管理不到位，缺乏有效的管理机制和管理机构；旅游产品开发深度不够，结构单一，缺乏层次性，资源转化成旅游产品的难度大；旅游规划与开发研究不够，旅游精品较少，产业关联性不强；存在"大景区，小景点"的问题，且景点季节性较强；旅游目的地定位和形象不突出，宣传促销不得力，从业人员的素质亟待提高。针对这些问题，枣庄市应完善基础设施，发展房地产、住宿与餐饮业、交通运输业，为旅游业提供条件。开发高品位、高层次的旅游组合产品，打造大体量、高密度、深层次、多品种的旅游品牌。如从细节入手把台儿庄古城做成旅游精品，宣传这座东方古水城的文化，把文化遗产办成文化产业。以滨湖镇为旅游中心基地，开展观荷、垂钓、水鸟观赏度假等活动，探索生态乡村旅游形式，使湖滨地区发展成一个功能齐备、有特色和吸引力的旅游目的地。除了参观游览，还应该开发特色小吃、娱乐、购物等项目，形成"吃—住—行—游—娱—购"一条龙的旅游服务业，增加游客的逗留时间。枣庄的煤文化资源丰富，开发潜力巨大，如煤精。煤精质密体轻，形似墨玉，有"煤玉"之称，雕刻成工艺品独具特色，市场前景广阔。其他如煤文化博览会、中兴职工联谊会、煤城灯节书会、煤城庙会等节会活动，同时也体现了枣庄民俗，别有风味。另外，枣庄还应与毗邻旅游发达地区如徐州、济宁等地携手合作，开发区域旅游产品。

第 *8* 章

本书结论

　　本书从生态经济学视野下主体功能区划分、规划和生态补偿等方面研究了生态经济学在主体功能区中的应用，初步构建了主体功能区建设的生态经济学理论体系，并以山东省为实例，将生态经济学理论对主体功能区建设的指导作用作了实证分析。研究得出以下主要结论：

　　（1）主体功能区发展战略兼顾自然、经济、社会各方面，重构了我国的区域关系，是对我国区域发展理论的反思和创新。在从全国到县域不同层级上，四种不同类型的地区在区域分工中承担不同的任务，是主体功能区与以往区划相比最突出的特点。主体功能区将生态环境保护放在了至关重要的地位，尤其是限制开发区和禁止开发区的主体功能定位于维护全国和地区的生态安全，这与生态经济学关注可持续发展，坚持经济建设必须尊重自然规律的目标和主旨是一致的。生态经济学是以复杂的生态经济系统为研究对象的学科，强调在维护生态经济平衡的前提下追求生态经济效益。无论在发展战略的指导思想上还是在具体的理论和方法上，将主体功能区建设与生态经济学相结合都具有必要性和可行性。

（2）生态经济学在主体功能区中的应用随着主体功能区建设的推进逐渐展开。主体功能区建设的进程可以分为划分、规划、政策实施和绩效评价几个阶段。

在划分阶段，生态经济区划理论为主体功能区划分指出了应当遵循的原则。"十一五"中提到的主体功能区划分依据包括资源环境承载力、开发密度和发展潜力三要素，都与生态环境有密切联系，可以在生态经济学中找到相应的研究领域，为主体功能区的科学划分提供理论支持。

生态经济规划的理论体系非常适于被借鉴到主体功能区的规划中。生态产业具有比传统产业明显的优势和发展前景，因地制宜的发展生态产业是主体功能区产业结构调整和规划的一个可行而有效的途径。随着城市化的加速，生态城市建设成为主体功能区规划的重点。生态城市是一个开放的系统，有独特的结构、特点、功能、运行机制、发展模式和不同的类型。

生态补偿是主体功能区建设配套措施中最为重要的政策，也是过去区域发展中不曾被重视的问题之一。主体功能区生态补偿的衡量标准是基于生态经济价值的，生态系统的服务功能决定了生态补偿的必要性，生态经济价值的评价则保障了补偿的可行性。而主体功能区的生态补偿思想在哲学上以生态经济伦理为基础，生态经济伦理具有丰富的内涵和时代意义。本书详细分析了主体功能区生态补偿的生态经济理论基础，包括公共产品理论、外部性理论、区域生态补偿理论等，以及主体功能区生态补偿的原因和模式。

（3）作为一个经济大省，山东省主体功能区建设实践的探索具有启示作用。近年来，山东省的生态经济发展有了长足的进步，但也不乏困难和问题。本书基于最新的统计数据构建了指标体系，从生态经济角度利用因子分析法和聚类分析法对山东省17地市进行了主体功能区划分，结果显示济南、青岛、淄博、枣庄、潍坊、济宁、泰安、莱芜8市，应划为优化开发区，烟台、威海、日照、临沂4市应划为重点开发区，东营、滨州、德州、聊城、菏泽5市应划为限制开发区，对于不同的主体功能区，政府须实行与主体功能相应的政策。本书针对山东省发展现状，提出了生态农业、生态工业、生态服务业和海洋产业发展的建议。枣庄市是一座典型的以煤炭为支柱产业的老工业城市，由于资源枯竭，经济衰退，发展停滞，各种社会问题凸显。发展生态城市对枣庄市来说是最优的选择。本书分析了枣庄市的优势和不足，为之勾画了生态城市建设的蓝图。

生态经济学在主体功能区中的应用，是一个有广阔前景的研究领域。作为我国的重要发展战略，主体功能区建设目前才刚刚进入划分和规划相接替的阶段，需要生态经济学深入的指导和规范，而生态经济学只有在主体功能区建设中与实践相结合，才能获得实质性的发展。由于时间和能力的限制，笔者对于该领域的认识还仅仅是窥豹一斑，本书有很多地方尚需推敲和完善。

（1）关于主体功能区划分的指标体系研究。虽然本书论述了生态经济学是主体功能区划分的理论基础之一，但是由于生态经济系统的庞大和复杂，目前还没有一套公认的、全面的划分主体功能区的生态经济指标体系。国内学者已从很多方面对主体功能区的划分进行了探讨，并尝试使用各种计量工具和统计软件，但相互之间很少有共通之处，缺少统一的原则和标准。从生态经济学角度，结合不同地区的主体功能定位，以资源环境承载力、开发密度、发展潜力为框架，设计一整套指标体系来划分各个层次的主体功能区将是一个重要的研究趋势。

（2）关于主体功能区规划，本书提出应重点发展生态产业，建设生态城市。这两个方面从目前研究和实际发展情况来看，都只是刚刚起步。在全国范围内，只有极少数经济发展领先的地区进行了试点和探索，而且这些试点多是县级区域，集中在长三角、珠三角等经济发达和资源相对丰富的城市。虽然生态经济发展试点总体上取得了不错的效果，但是远远不能满足区域和全国对生态服务功能的需要和改变经济发展方式的目的，缺乏足够的带动作用。生态经济和主体功能区建设是一项宏大的工程，需要我国各级政府、企业和公民长期的、全方位的共同努力才能实现。因此，在以后的发展中，这方面的研究应当与时俱进，不断创新和完善。

（3）对限制和禁止开发区进行不同方式的生态补偿，本质上体现了主体功能区之间的相互作用和潜在的不平等关系。虽然理论界已开始关注这个问题，学者们纷纷提出各种补偿办法和标准，但在具体的政策实施中，仍然缺乏可行性。各地在划分主体功能区的过程中争先恐后地想加入优先开发区和重点开发区，非常明显的暴露了主体功能区补偿机制的欠缺。

（4）生态经济学理论对主体功能区建设成果的评价也是有参考意义的，但是由于主体功能区的进程尚未全面、深入地展开，也未进入对其发展进行比较和评价的阶段，所以本书内容没有涉及这方面，笔者以后将努力在这方面做进一步的研究。

附 录

山东省主体功能区划分数据（2011 年）

指标及单位	人均水资源占有量（立方米/人）	人均耕地面积（公顷/万人）	人均造林总面积（公顷/万人）	人均用电量（亿千瓦时/万人）	森林覆盖率（%）	湿地面积占国土面积比重（%）
济南市	290.773	523.832	22.507	0.373	31.1	0.98
青岛市	152.585	583.086	10.514	0.356	37.8	14.34
淄博市	203.235	454.522	26.860	0.723	36.5	3.51
枣庄市	241.959	641.793	17.054	0.314	33	0.83
东营市	315.328	1070.501	37.095	0.901	20.6	61.48
烟台市	504.609	639.363	20.171	0.472	41.7	37.54
潍坊市	170.065	856.247	26.739	0.362	35.2	10.54
济宁市	255.764	738.848	15.331	0.309	28	13.6
泰安市	189.340	622.744	29.090	0.269	37.8	6.56
威海市	674.045	684.481	22.321	0.335	40	42.58
日照市	432.083	814.413	56.667	0.497	34.2	8.5
莱芜市	323.174	525.673	23.059	0.851	32.8	5.6
临沂市	367.372	835.072	28.830	0.271	30.6	3.06
德州市	467.420	1104.678	23.367	0.311	31.5	0.48
聊城市	450.199	967.439	17.130	0.420	32.4	1.21
滨州市	407.638	1185.692	32.982	0.480	28.5	28.5
菏泽市	344.285	999.274	13.342	0.152	33.6	9.2

指标及单位	降水量（毫米）	"十一五"期间 GDP 年均增长率（%）	万元 GDP 废水产生量	万元 GDP 废气排放量	万元 GDP 固体废弃物产生量	万元 GDP 能耗（吨标准煤/万元）
济南市	667.1	15.652	6.483	7393.103	0.230	0.913
青岛市	717.2	15.295	5.768	3866.760	0.137	0.709
淄博市	649.6	14.893	10.589	10672.754	0.463	1.573
枣庄市	731.7	15.705	15.886	15948.391	0.329	1.345
东营市	604.6	12.943	6.686	3722.511	0.090	0.759
烟台市	834.4	16.017	5.197	4457.948	0.439	0.694
潍坊市	874.5	15.767	12.912	12070.691	0.236	1.021
济宁市	767.7	14.956	11.562	12405.226	0.709	0.913
泰安市	902.8	19.144	6.584	8145.437	0.452	0.964
威海市	826.6	9.182	5.402	2588.186	0.106	0.786
日照市	739.8	19.311	12.341	29751.869	0.676	1.835
莱芜市	893.3	16.957	9.462	56534.636	2.180	2.904
临沂市	811.8	14.326	11.644	15283.967	0.445	1.009
德州市	547.3	13.375	15.481	16325.648	0.369	0.998
聊城市	702.4	17.841	16.120	10375.351	0.344	1.082
滨州市	481.8	16.799	13.326	7381.940	0.306	1.050
菏泽市	748.7	23.376	14.468	4695.724	0.138	1.066

指标及单位	单位国土面积GDP产出量（万元/公顷）	农林牧渔服务业产值占GDP比重（‰）*	建设用地面积比重（%）	人口密度（人/公顷）	恩格尔系数	节能环保财政支出比重（%）
济南市	55.089	28.265	19.187	8.608	0.364	2.415
青岛市	59.198	27.507	18.642	7.870	0.366	1.581
淄博市	54.990	18.171	18.884	7.638	0.351	2.775
枣庄市	34.223	74.525	16.514	8.224	0.374	2.146
东营市	33.778	53.369	14.524	2.594	0.352	2.133
烟台市	35.695	38.918	12.847	5.075	0.396	2.606
潍坊市	22.130	65.986	18.352	5.720	0.329	3.818
济宁市	25.877	82.690	15.314	7.261	0.398	2.371
泰安市	29.688	67.890	15.080	7.104	0.383	1.646
威海市	37.047	27.788	13.974	4.916	0.365	3.549
日照市	22.701	61.913	13.585	5.271	0.404	2.334
莱芜市	27.241	17.149	15.352	5.813	0.369	1.425
临沂市	16.106	47.994	14.037	5.866	0.393	3.108
德州市	18.836	105.961	16.191	5.410	0.370	3.665
聊城市	22.025	40.997	17.075	6.709	0.379	3.151
滨州市	20.122	64.452	16.601	4.174	0.315	2.986
菏泽市	12.765	61.094	15.765	6.822	0.400	1.867

注：*为消除舍入误差，这里采用了万分号‰。

资料来源：《山东统计年鉴（2012）》、山东省各市 2012 年政府工作报告、2012年国民经济和社会发展统计公报。

参 考 文 献

［1］埃比尼泽·霍华德. 明日的田园城市［M］. 北京: 商务印书馆, 2000: 17 - 25.

［2］安虎森, 薄文广. 主体功能区建设能缩小区域发展差距吗［J］. 人民论坛, 2011 (17): 19 - 21.

［3］安树伟, 吉新峰, 王思薇. 主体功能区建设中区域利益的协调机制与实现途径研究［J］. 甘肃社会科学, 2010 (2): 85 - 87.

［4］包晓雯, 曾刚. 我国主体功能区规划若干问题之管见［J］. 改革与战略, 2008 (11): 47 - 50.

［5］包玉香, 李玉江. 山东省经济社会生态协调发展水平研究［J］. 国土与自然资源研究, 2010 (3): 92 - 94.

［6］包振娟, 罗光华, 贾云鹏. 主体功能区建设的配套政策研究［J］. 经济纵横, 2008 (5): 22 - 24.

［7］薄文广, 安虎森, 李杰. 主体功能区建设与区域协调发展: 促进亦或冒进［J］. 中国人口·资源与环境, 2011 (10): 121 - 128.

［8］陈冰波. 主体功能区生态补偿［M］. 北京: 社会科学文献出版社, 2009.

[9] 陈辞. 基于主体功能区视角的生态补偿机制研究 [J]. 生态经济, 2009 (2): 79-81.

[10] 陈岱孙. 中国经济百科全书 [M]. 北京: 中国经济出版社, 1991.

[11] 陈德铭. 全面贯彻落实科学发展观扎实推进全国主体功能区规划编制工作 [J]. 中国经贸导刊, 2007 (13): 4-10.

[12] 陈栋生, 罗序斌. 实施主体功能区战略: 中部地区科学崛起的新引擎 [J]. 江西社会科学, 2011 (1): 193-197.

[13] 陈炼, 虞红兵, 任奎. 主体功能区生态支持系统指标体系构建及评价 [J]. 科技经济市场, 2008 (4): 105-106.

[14] 陈雯, 孙伟, 段学军, 等. 苏州地域开发适宜性分区 [J]. 地理学报, 2006, 61 (8): 839-846.

[15] 陈秀山, 张若. 主体功能区从构想走向操作 [J]. 决策, 2006 (12): 10-11.

[16] 陈英姿. 发展循环经济提升自然资源承载力 [J]. 人口学刊, 2007 (6): 46-48.

[17] 陈璋, 袁江. 论我国主体功能区考核体系的构建 [J]. 中国经济导报, 2007 (6): 1-4.

[18] 陈仲常, 张泽东. 基于熵权法的重庆市主体功能区规划 [J]. 重庆理工大学学报, 2010 (11): 31-34.

[19] 程克群, 王晓辉, 潘成荣, 等. 安徽省推进形成主体功能区的环境政策研究 [J]. 生态经济, 2009 (6): 41-44.

[20] 程克群, 潘成荣, 王晓辉. 主体功能区的环境评价与政策研究——以安徽省为例 [J]. 科技进步与对策, 2010 (21): 124-128.

[21] 程克群，潘骞王，晓辉. 安徽省主体功能区环境政策框架设计 [J]. 环境保护，2011 (Z1)：102 – 104.

[22] 程克群，王晓辉. 主体功能区环境政策框架探讨——以安徽省为例 [J]. 宏观经济管理，2011 (1)：52 – 53.

[23] 迟维韵. 生态经济理论与方法 [M]. 北京：中国环境出版社，1990.

[24] 褚岗，王玉梅，来佑花. 山东省社会经济与生态环境协调发展的综合分析与评价 [J]. 鲁东大学学报（自然科学版），2008，24 (2)：185 – 188.

[25] 崔凤军，刘家明. 旅游承载力指数及其应用研究 [J]. 旅游学刊，1998 (3)：41 – 45.

[26] 代明，刘燕妮，陈向东. 主体功能区划下的新型生态补偿措施：工业排放配额制 [J]. 生态经济，2012 (7)：112 – 116.

[27] 丹尼斯·米都斯. 增长的极限 [M]. 李宝恒译. 辽宁：吉林人民出版社，1997，英文版序.

[28] 邓玲. 加快主体功能区建设是促进四川区域协调发展的重要战略举措 [N]. 四川日报，2005 – 12 – 11 (7).

[29] 邓玲，杜黎明. 主体功能区建设的区域协调功能研究 [J]. 经济学家，2006 (4)：60 – 64.

[30] 丁四保. 主体功能区的生态补偿研究 [M]. 北京：社会科学文献出版社，2008.

[31] 丁于思，高阳，周震虹. 基于混合聚类的湖南主体功能区划分研究 [J]. 经济地理，2010 (3)：393 – 396.

[32] 董力三，熊鹰. 主体功能区与区域发展的若干思考

[J]. 长沙理工大学学报（社会科学版），2009（1）：121 – 124.

[33] 董小君. 主体功能区建设的"公平"缺失与生态补偿机制 [J]. 国家行政学院学报，2009（1）：38 – 41.

[34] 杜金辉，吕培茹，甄文栋，等. 山东省生态环境承载力评价指标体系探讨 [J]. 中国环境管理干部学院学报，2008，18（1）：10 – 14.

[35] 杜黎明. 在推进主体功能区建设中增强区域可持续发展能力 [J]. 生态经济，2006（5）：320 – 323.

[36] 杜黎明. 主体功能区建设政策均衡研究 [J]. 开发研究，2008（1）：5 – 9.

[37] 杜黎明. 主体功能区建设政策研究的思路与重点 [J]. 当代经济，2008（3）：86 – 88.

[38] 杜黎明. 主体功能区配套政策体系研究 [J]. 开发研究，2010（1）：12 – 16.

[39] 杜黎明. 主体功能区土地政策研究 [J]. 改革与战略，2009（10）：105 – 108.

[40] 段学军，陈雯. 省域空间开发功能区划方法探讨 [J]. 长江流域资源与环境，2005（5）：79 – 81.

[41] 杜平. 推进形成主体功能区的政策导向 [J]. 经济纵横，2008（8）：42 – 46.

[42] 段七零. 主体功能区的诉求政策及其与现行区域政策的对接 [J]. 现代经济探讨，2010（3）：63 – 66.

[43] 樊杰. 我国主体功能区划的科学基础 [J]. 地理学报，2007（4）：339 – 348.

[44] 樊杰. 解析我国区域协调发展的制约因素探究全国主

体功能区规划的重要作用［J］．中国科学院院刊，2007，22
（3）：194－201.

［45］冯海波，陈旭佳．主体功能区建设与均等化财政转移
支付——以广东为样本的研究［J］．华中师范大学学报（人文
社会科学版），2011（3）：52－59.

［46］傅鼎，宋世杰．基于相对资源承载力的青岛市主体功
能区区划［J］．中国人口·资源与环境，2011（4）：148－152.

［47］傅前瞻，余茂辉．推进主体功能区建设必须正确认识
和处理的若干关系［J］．经济问题探索，2010（3）：21－24.

［48］方澜，于涛方，钱欣．战后西方城市规划理论的流变
［J］．城市问题，2002（1）：10－13.

［49］冯更新．现阶段我国区域经济协调发展与主体功能区
建设论纲［J］．重庆工商大学学报（西部论坛），2009（3）：
1－10.

［50］付承伟．从行为主体视角看主体功能区区域政策
［J］．浙江经济，2008（8）：62－63.

［51］［德］弗里德希·亨特布尔格（Friedrich Hinterberger）
等．生态经济政策：在生态专制和环境灾难之间（第1版）
［M］．辽宁：东北财经大学出版社，2005：99.

［52］高国力．如何认识我国主体功能区划及其内涵特征
［J］．中国发展观察，2007（3）：23－25.

［53］高全成．把握国家划分主体功能区的机遇调整陕西产
业布局［J］．理论导刊，2009（4）：73－74.

［54］高新才，王云峰．主体功能区补偿机制市场化：生态
服务交易视角［J］．经济问题探索，2010（6）：72－76.

[55] 谷学明，曹洋，赵卉卉，等．主体功能区生态补偿标准研究 [J]．水利经济，2011，29（4）：28-32.

[56] 国家环保总局国际合作司．联合国环境与可持续发展系列大会重要文件选编 [M]．北京：中国环境科学出版社，2004：129.

[57] 国家发展改革委宏观经济研究院国土地区研究所课题组．我国主体功能区划分及其分类政策初步研究 [J]．宏观经济研究，2007（4）：3-10.

[58] 郭利．对西方生态学马克思主义的剖析 [J]．太原师范学院学报（社会科学版），2004，3（2）：23-25.

[59] 郭培坤，王勤耕．主体功能区环境政策体系构建初探 [J]．中国人口·资源与环境，2011（3）：34-37.

[60] 韩德军，刘建忠，赵春艳．基于主体功能区规划的生态补偿关键问题探讨——一个博弈论视角 [J]．林业经济，2011（7）：54-57.

[61] 韩青，顾朝林，袁晓辉．城市总体规划与主体功能区规划管制空间研究 [J]．城市规划，2011（10）：44-50.

[62] 韩学丽．以主体功能区建设促区域协调发展 [J]．改革与战略，2009（4）：51-54.

[63] 赫尔曼·戴利，肯尼斯·汤森．珍惜地球 [M]．范道丰译．北京：商务印书馆，2001.

[64] 洪阳，叶文虎．可持续环境承载力的度量及其应用 [J]．中国人口·资源与环境，1998，8（3）：54-58.

[65] 宏观经济研究院国土地区所课题组．我国主体功能区划分理论与实践的初步思考 [J]．宏观经济管理，2006（10）：

43 - 46.

[66] 侯晓丽，贾若祥．我国主体功能区的区域政策体系探讨 [J]．中国经贸导刊，2008 (2)：46 - 48.

[67] 胡代光，高鸿业．西方经济学大辞典 [M]．北京：经济科学出版社，2000：1125.

[68] 胡昕，胡毅诏．基于主体功能区规划的甘肃省生态补偿机制初探 [J]．农村经济与科技，2012，23 (1)：93 - 95.

[69] 胡序威．我国区域规划的发展态势与面临问题 [J]．城市规划，2002，26 (2)：23 - 26.

[70] 黄光宇．田园城市．绿心城市．生态城市 [J]．重庆建筑工程学院学报，1992 (3)：63 - 71

[71] 黄宁生，匡耀求．广东相对资源承载力与可持续发展问题 [J]．经济地理，2000，20 (2)：52 - 56.

[72] 黄肇义，杨东援．国内外生态城市理论研究综述 [J]．城市规划，2001，25 (1)：59 - 66.

[73] 贾若祥．东北地区主体功能区规划需要处理的几个关系 [J]．宏观经济管理，2007 (11)：33 - 35.

[74] 姜安印．主体功能区：区域发展理论新境界和实践新格局 [J]．开发研究，2007 (2)：14 - 17.

[75] 姜学民．生态经济学概论 [M]．武汉：湖北人民出版社，1985.

[76] 冷志明，唐银．省区交界地域主体功能区建设的运行机制研究——以湘鄂渝黔边区为例 [J]．经济地理，2010 (10)：1601 - 1604.

[77] 李广斌，王勇．西方区域规划发展变迁及对我国的启

示 [J]. 规划师, 2007, 23 (6): 77-80.

[78] 李海涛, 严茂超, 沈文清. 可持续发展与生态经济学刍议 [J]. 江西农业大学学报, 2001 (9): 410-415.

[79] 李怀政. 生态经济学变迁及其理论演进述评 [J]. 江汉论坛, 2007 (2): 32-35.

[80] 李军杰. 确立主体功能区划分依据的基本思路—兼论划分指数的设计方案 [J]. 中国经贸导刊, 2006 (11): 27-30.

[81] 李鹏. 调整财税政策促进主体功能区建设 [J]. 经济纵横, 2008 (6): 44-46.

[82] 李炜, 田国双. 生态补偿机制的博弈分析——基于主体功能区视角 [J]. 学习与探索, 2012 (6): 106-108.

[83] 李献波, 李同升, 郑艳霞, 等. 政府市场双效运行机制与主体功能区建设 [J]. 科技管理研究, 2009 (3): 58-59.

[84] 李雯燕, 米文宝. 地域主体功能区划研究综述与分析 [J]. 经济地理, 2008 (3): 35-38.

[85] 梁小青. 主体功能区与区域政策新取向分析 [J]. 时代金融, 2009 (1): 61.

[86] 林建华, 任保平. 主体功能区建设: 西部生态环境重建的新模式选择 [J]. 生态经济, 2009 (2): 169-175.

[87] 林娜, 汪欢欢. GIS 技术在主体功能区规划中的应用——以成都市锦江区为例 [J]. 佳木斯大学学报: 自然科学版, 2007 (11): 782-784.

[88] 刘传明. 省域主体功能区规划理论与方法的系统研究 [M]. 武汉: 华中师范大学, 2008.

[89] 刘红.主体功能区的土地权益补偿机制构建 [J].商业时代,2010 (9):101-102.

[90] 刘庆志.我国煤炭资源可持续利用承载力探讨 [J].山东科技大学学报,2006 (1):87-89.

[91] 刘思华.刘思华可持续经济文集 [M].北京:中国财政经济出版社,2007.

[92] 刘思华.生态经济价值问题初探 [J].学术月刊,1987 (11):1-7.

[93] 刘咏梅,李谦,符海月,等.3S技术在衔接主体功能区规划与土地利用管理中的应用 [J].长江流域资源与环境,2009 (11):1003-1007.

[94] 刘雨林.关于西藏主体功能区建设中的生态补偿制度的博弈分析 [J].干旱区资源与环境,2008,22 (1):7-15.

[95] 刘震,姜德文,毕华兴,等.国土主体功能区划分与水土保持战略 [J].中国水土保持科学,2007 (4):1-4.

[96] 陆大道.中国区域发展的理论与实践 [M].北京:科学出版社,2003.

[97] 卢中原,陈昌盛.西部开发与主体功能区建设如何形成良性互动——对陕西、甘肃几个城市的调研与思考 [J].中国工业经济,2008 (10):5-11.

[98] 马传栋.可持续发展经济学 [M].山东:山东人民出版社,2002.

[99] 马仁锋,王筱春,张猛,等.云南省地域主体功能区划分实践及反思 [J].地理研究,2011 (7):1296-1308.

[100] [美] Lester. R. Brown.生态经济——有利于地球的

经济构想 [M]. 林自新译. 北京：东方出版社，2002.

[101] 孟召宜，朱传耿，渠爱雪. 主体功能区管治思路研究 [J]. 经济问题探索，2007（9）：9-14.

[102] 米文宝，余晓霞，李雯燕. 宁夏主体功能区划初步研究 [J]. 经济地理，2008，28（6）：936-940.

[103] 母天学. 重塑城市主体功能区的公共事务管理协调机制 [J]. 行政论坛，2011（2）：38-42.

[104] 倪书俊，刘常建，卢华. 山东循环经济发展总体思路与对策建议 [J]. 宏观经济研究，2006（2）：22-24.

[105] 宁炳. 国外排污收费综述 [J]. 甘肃环境研究与监测，1995，8（2）：32-35.

[106] 牛雄. 主体功能区构建的人口政策研究 [J]. 改革与战略，2009（4）：42-47.

[107] 欧阳慧. 推进形成主体功能区的人口迁移政策 [J]. 宏观经济管理，2008（6）：47-49.

[108] 欧阳志云. 生态系统服务功能、生态价值与可持续发展 [J]. 世界科技研究与发展，2000（5）：45-50.

[109] 彭利民，贾永飞，邵波，等. 基于生态足迹模型的山东半岛区域可持续发展研究 [J]. 生态经济，2011（5）：95-99.

[110] 秦岭. 区域经济学理论与主体功能区规划 [J]. 江汉论坛，2010（4）：10-13.

[111] 任丽军，尚金城. 山东省产业结构的生态合理性评价 [J]. 地理科学，2005，25（2）：215-220.

[112] 上海财大区域经济研究中心. 2007中国区域经济发展

报告——中部塌陷与中部崛起［M］. 上海：上海人民出版社，2007.

［113］石刚. 我国主体功能区的划分与评价——基于承载力视角［J］. 城市发展研究，2010（3）：44－50.

［114］世界环境与发展委员会. 我们共同的未来（第1版）［M］. 北京：世界知识出版社，1989：19.

［115］石田. 评西方生态经济学研究［J］. 生态经济，2002（1）：46－48.

［116］史育龙. 主体功能区规划与城乡规划、土地利用总体规划相互关系研究［J］. 宏观经济研究，2008（8）：35－40.

［117］世界环境与发展委员会. 我们共同的未来［M］. 北京：世界知识出版社，1989：19.

［118］舒克盛. 基于相对资源承载力信息的主体功能区划分研究——以长江流域为例［J］. 地域研究与开发，2010（2）：33－37.

［119］司劲松. 主体功能区的公共投资政策需求及建议［J］. 宏观经济管理，2007（8）：38－40.

［120］司劲松. 关于主体功能区规划政策需求的探讨［J］. 宏观经济管理，2008（4）：23－26.

［121］宋超，瞿德文，栾贻信，等. 山东省工业水资源循环经济发展研究［J］. 生态经济，2009（12）：109－112.

［122］宋超，吕娜，栾贻信. 水资源可持续利用与循环经济发展模式研究——以山东省工农业用水为例［J］. 山东理工大学学报（社会科学版），2009，25（6）：5－10.

［123］孙百灵. 内蒙古主要城市生态位评价研究［J］. 法

制与经济，2011（12）：105 - 106.

[124] 孙红玲. 完善主体功能区布局与区域协调互动的发展机制 [J]. 求索，2008（11）：49 - 51.

[125] 孙健. 主体功能区建设中的基本公共服务均等化问题研究 [J]. 西北师大学报（社会科学版），2009（2）：65 - 69.

[126] 孙能利，巩前文，张俊飚. 山东省农业生态价值测算及其贡献 [J]. 中国人口·资源与环境，2011，21（7）：128 - 132.

[127] 孙鹏，曾刚. 基于新区域主义视角的我国地域主体功能区规划解读 [J]. 改革与战略. 2009（11）：95 - 98.

[128] 孙启鹏. 推进主体功能区形成的综合交通结构优化对策研究 [J]. 生产力研究，2010（10）：176 - 178.

[129] 孙姗姗，朱传耿. 论主体功能区对我国区域发展理论的创新 [J]. 现代经济探讨，2006（9）：73 - 76.

[130] 孙香莉，谢世友，时丽艳. 山东省 2004 年生态足迹计算与分析 [J]. 山西师范大学学报（自然科学版），2008，22（2）：95 - 101.

[131] 覃发超，李铁松，张斌，等. 浅析主体功能区与土地利用分区的关系 [J]. 国土资源科技管理，2008（2）：25 - 28.

[132] 汤明，钟丹. 主体功能区视阈下鄱阳湖流域生态共建共享补偿模式研究 [J]. 安徽农业科学，2011，39（13）：8042 - 8043.

[133] 唐建华. 推进主体功能区建设的财政政策研究 [J]. 求索，2009（11）：42 - 43.

[134] ［奥地利］陶在朴. 生态包袱与生态足迹 [M]. 北

参 考 文 献

京：经济科学出版社，2003：145.

[135] 滕海洋，于金方. 山东省经济与生态环境协调发展评价研究 [J]. 资源开发与市场，2008，24（12）：1085 – 1086.

[136] 田代贵. 主体功能区的划分及其财政政策效应 [J]. 改革，2009（12）：141 – 144.

[137] 王风臻，杜文峰，路洪春. 山东省发展高效生态林业的设想 [J]. 生态经济，2000（11）：30 – 32.

[138] 王卉彤，石刚. 促进主体功能区规划实施的财政金融政策研究 [J]. 生产力研究，2008（12）：40 – 42.

[139] 王继东，何青松. 生态经济视角下的山东产业结构问题探讨 [J]. 经济问题，2009（11）：123 – 125.

[140] 王建源，陈艳春，李曼华，等. 基于能值分析的山东省生态足迹 [J]. 生态学杂志，2007，26（9）：1505 – 1510.

[141] 王景华，赵善伦. 山东省 2003 年生态足迹计算与分析 [J]. 山东师范大学学报（自然科学版），2006，21（2）：96 – 98.

[142] 王俊英，杜金辉，吕培茹，等. 山东省水生态环境承载力探讨 [J]. 山东大学学报（工学版），2008，38（5）：94 – 98.

[143] 王利. 基于 GIS 技术的区域开发强度测算研究——以兴城市为例 [M]. 大连：辽宁师范大学，2009.

[144] 王利，韩增林，李博. 基于 VM-MapInfo 的区域开发强度测算研究——以大连市为例 [J]. 地理科学，2008，28（6）：737 – 741.

[145] 王立志. 环境保护公共政策的演进研究 [J]. 生态

经济，2008（2）：46-47.

[146] 王女杰，刘建，吴大千，等. 基于生态系统服务价值的区域生态补偿——以山东省为例 [J]. 生态学报，2010，30（23）：6646-6653.

[147] 王琪. 实施差别化财政政策推进主体功能区建设 [J]. 宏观经济管理，2008（7）：42-43.

[148] 王潜，韩永伟. 县域国土主体功能区划分及生态控制 [J]. 环境保护，2007（1A）：50-52.

[149] 王倩. 主体功能区绩效评价研究 [J]. 经济纵横，2007（7）：21-23.

[150] 王强，伍世代，李永实，等. 福建省域主体功能区划分实践 [J]. 地理学报，2009，64（6）：725-735.

[151] 王全新. 新时期生态经济学理论与实践 [J]. 生态经济，2001（2）：27-29.

[152] 王世亮，曹雪稚，于伟. 基于生态足迹模式的山东省可持续发展定量化研究 [J]. 国土与自然资源研究，2007（3）：12-13.

[153] 王松霈. 生态经济学 [M]. 西安：陕西人民教育出版社，2000.

[154] 王新前. 论生态经济系统的基本特征 [J]. 生态经济，1997（3）：1-4.

[155] 王新涛，王建军. 省域主体功能区划方法初探 [J]. 北方经济，2007（12）：4-8.

[156] 王玉平，卜善祥. 中国矿产资源经济承载力研究 [J]. 煤炭经济研究，1998（12）：15-20.

[157] 王振波，朱传耿，刘书忠等．地域主体功能区划理论初探 [J]．经济问题探索，2007 (8)：56 – 59．

[158] 王宗明，张柏，何艳芬，等．吉林省相对资源承载力动态分析 [J]．干旱区资源与环境，2004，18 (2)：5 – 9．

[159] 魏立桥，郑博文．论主体功能区在区域规划与生产力布局中的地位和作用 [J]．商场现代化，2008 (3)：212 – 213．

[160] 吴次芳，王建弟，许红卫，等．城市土地资源分类评价及其土地优化配置的关系 [J]．自然资源学报，1995，10 (2)：158 – 164．

[161] 徐梦月，陈江龙，高金龙，等．主体功能区生态补偿模型初探 [J]．中国生态农业学报，2012，20 (10)：1404 – 1408．

[162] 徐诗举，查道懂．主体功能区视阈下的区域间生态补偿制度创新 [J]．赤峰学院学报（自然科学版），2012，28 (4)：53 – 56．

[163] 许涤新．生态经济学 [M]．杭州：浙江人民出版社，1987：260 – 266．

[164] 徐会，孙世群，王晓辉．推进形成省级主体功能区的环境政策及保障机制初探 [J]．四川环境，2008 (5)：122 – 126．

[165] 徐建春，宇飞．国外国土规划的源流与特点 [J]．中国土地，2002 (7)：43 – 44．

[166] 徐诗举．日本国土综合开发财政政策对中国主体功能区建设的启示 [J]．亚太经济，2011 (4)：60 – 64．

[167] 徐诗举．主体功能区建设背景下的财政职能 [J]．

苏州大学学报（哲学社会科学版），2011（2）：137－140.

[168] 徐中民，张志强，程国栋. 当代生态经济的综合研究综述 [J]. 地球科学进展，2000，15（6）：687－694.

[169] 杨庆育. 主体功能区规划实践和政策因应：重庆样本 [J]. 改革，2011（3）：69－72.

[170] 杨瑞霞，张莉，闫丽洁，等. 省级主体功能区规划支持系统研究 [J]. 地域研究与开发，2009（1）：22－26.

[171] 杨荣金. 生态城市建设与规划 [M]. 北京：经济日报出版社，2007.

[172] 杨彤，王能民. 生态城市的内涵及其研究进展 [J]. 城市经济管理，2006（14）：90－91.

[173] 杨伟民. 推进形成主体功能区优化国土开发格局 [J]. 经济纵横，2008（5）：17－21.

[174] 杨瑛，李同升，牛西平. 基于指数评价法的县级城市主体功能区划分研究——以山西省河津市为例 [J]. 生态经济，2011（7）：65－67.

[175] 杨云彦. 人口、资源与环境经济学 [M]. 科学出版社，1999.

[176] 尧德明，陈玉福，张富刚等. 海南省土地开发强度评价研究 [J]. 河北农业科学，2008，12（1）：86－87，90.

[177] 叶焕民，周娜，宗振利. 产业生态化的分析角度选择——以山东半岛城市群的产业生态化为例 [J]. 青岛科技大学学报（社会科学版），2008，24（3）：56－59.

[178] 叶玉瑶，张虹鸥，李斌. 生态导向下的主体功能区划方法初探 [J]. 地理科学进展，2008（1）：80－82.

[179] ［英］伊恩·莫法特著，宋国君译．可持续发展 [M]．北京：经济科学出版社，2000：11．

[180] 殷培杰，杜世勇，白志鹏．2008 年山东省 17 城市生态承载力分析 [J]．环境科学学报，2011，31（9）：2048 – 2057．

[181] 尤飞，王传胜．生态经济学基础理论、研究方法和学科发展趋势探讨 [J]．中国软科学，2003（3）：131 – 138．

[182] 于国安．山东省主体功能区建设的财政政策研究 [J]．经济研究参考．2009（7）：23 – 26．

[183] 余晓霞，米文宝．县域社会经济发展潜力综合评价——以宁夏为例 [J]．经济地理，2008，28（4）：612 – 616．

[184] 袁朱．我国主体功能区划相关基础研究的理论综述 [J]．开发研究，2007（2）：678 – 680．

[185] 袁朱．国外有关主体功能区划分及其分类政策的研究与启示 [J]．中国发展观察，2007（2）：54 – 56．

[186] 曾培炎．推进形成主体功能区促进区域协调发展 [J]．求是杂志，2008（2）：15 – 18．

[187] 张成军．绿色 GDP 核算的主体功能区生态补偿 [J]．求索，2009（12）：16 – 18．

[188] 张成军．协同推进主体功能区和生态城市建设研究 [J]．经济纵横，2010（5）：56 – 58．

[189] 张帆．环境与自然资源经济学 [M]．上海人民出版社，1997．

[190] 张广海．资源环境生态经济价值综论 [J]．中国人口、资源与环境，2002，12（5）：23 – 25．

[191] 张广海，李雪. 山东省主体功能区划分研究 [J].
地理与地理信息科学，2007，23（4）：57-61.

[192] 张宏艳，戴鑫鑫. 我国主体功能区生态补偿的横向转
移支付制度探析 [J]. 生态经济，2011（10）：154-157.

[193] 张可云. 主体功能区与生态文明 [J]. 人民论坛，
2008（2）：12-13.

[194] 张可云. 主体功能区的操作问题与解决办法 [J].
中国发展观察，2007（3）：26-27.

[195] 张可云，刘映月. 主体功能区规划实施机制的思考
[J]. 人民论坛，2011（17）：14-16.

[196] 张京祥，张京祥，殷洁，等. 全球化世纪的城市密集
地区发展与规划 [M]. 北京：中国建筑工业出版社，2008.

[197] 张明. 建立生态经济城市 [J]. 福建环境，1999，16
（4）：38.

[198] 张明东，陆玉麒. 我国主体功能区划的有关理论探讨
[J]. 地域研究与开发，2009（3）：20-23.

[199] 张晓瑞，宗跃光. 区域主体功能区规划模型、方法和
应用研究——以京津地区为例 [J]. 地理科学，2010（5）：
728-734.

[200] 张杏梅. 加强主体功能区建设促进区域协调发展
[J]. 经济问题探索，2008（4）：17-21.

[201] 张杏梅. 主体功能区建设的政策建议 [J]. 经济问
题，2007（9）：49-51.

[202] 张秀彦，朱庆杰，王志涛. 灾害危险性评价的唐山市
土地开发强度信息系统 [J]. 河北理工学院学报，2007，29

（2）：140 – 145.

［203］张玉萍．基于 DEA 的大连城市人居环境可持续发展能力评价 ［M］．大连：辽宁师范大学环境科学，2007.

［204］张耀光．长山群岛资源利用与经济可持续发展对策 ［J］．辽宁师范大学学报，2004（27）：35.

［205］赵琦，李沐萱．中国在发展的十字路口——专访地球政策研究所所长莱斯特·R·布朗 ［J］．科技中国，2004（7）：90 – 93.

［206］赵迎春．促进我国主体功能区协调发展的税收政策研究 ［J］．财会研究，2011（3）：23 – 25.

［207］钟海燕，赵小敏，黄宏胜．土地利用分区与主体功能区协调的实证研究——以环鄱阳湖区为例 ［J］．经济地理，2011（9）：1523 – 1527.

［208］钟建宏．水环境承载容量评估之发展与应用 ［C］．第四届海峡两岸学术研究研讨会会议论文集，台湾中坜：中央大学，1996.

［209］周炳中，包浩生，彭补拙．长江三角洲地区土地资源开发强度评价研究．地理科学，2000，20（3）：218 – 223.

［210］周立华．生态经济与生态经济学 ［J］．自然杂志，2004，26（4）：238 – 240.

［211］周丽旋，许振成，郭梅．基于主体功能区战略的差异化环境政策——以广东省为例 ［J］．四川环境，2010（2）：65 – 69.

［212］周民良．主体功能区的承载能力、开发强度与环境政策 ［J］．甘肃社会科学，2012（1）：176 – 179.

[213] 周寅. 推进主体功能区建设的财政对策思路 [J]. 经济研究参考, 2008 (48): 12-13.

[214] 周寅. 推进主体功能区建设的财政转移支付制度探析 [J]. 湖北经济学院学报 (人文社会科学版), 2009 (2): 78-79.

[215] 朱传耿, 马晓冬. 关于主体功能区建设的若干理论问题 [J]. 现代经济探讨, 2007 (9): 46-49.

[216] 朱传耿, 马晓冬, 孟召亦, 等. 地域主体功能区划理论·方法·实证 [M]. 科学出版社, 2007.

[217] 朱传耿, 仇方道, 马晓冬, 等. 地域主体功能区划理论与方法的初步研究 [J]. 地理科学, 2007, 27 (2): 136-141.

[218] 朱高儒, 董玉祥. 基于公里网格评价法的市域主体功能区划与调整——以广州市为例 [J]. 经济地理, 2009, 29 (7): 1097-1102.

[219] 朱明明, 赵明华. 基于相对资源承载力的山东省主体功能区划分 [J]. 水土保持通报, 2012, 32 (4): 237-241.

[220] 宗跃光, 张晓瑞, 何金廖, 等. 空间规划决策支持系统在区域主体功能区划分中的应用 [J]. 地理研究, 2011 (7): 1285-1295.

[221] Alexey Voinov, Robert Costanza. Lisa Wainger, et al. Patuxent landscape model: integrated ecological economic modeling of a watershed [J]. Environmental Modeling & Software, 1999 (14): 473-491.

[222] Alyson L Geller. Smart growth: A prescription for livable

cities [J]. American Journal of Public Health, 2003, 93 (9): 1410 - 1415.

[223] Anthony Downs Fernando Costa. Smart Growth Comment: An Ambitious Movement and Its Prospects for Success [J]. American Planning Association, 2005, 71 (4): 367 - 378.

[224] Asafu-Adjaye J. Environmental Economics for Non-economists [M]. Sin-gapore: World Scientific Publishing Co Pte Led, 2000: 321.

[225] Barbier E B, Burgess J C, Folke C. Paradise Lost? The Ecological Economics of Biodiversity [M]. London: Earthscan, 1994.

[226] Costanza R, Daly H E, Bartholomew J A. Goals, agenda and policy recommendations for ecological economics [A]. In: Costanza R ed. Ecological Economics: the Science and Management of Sustainability [C]. NewYork: Columbia University Press, 1991.

[227] Costanza R. , et al. The value of the world's Ecosystem services and natural capital [J]. Nature, 1997 (387): 253 - 260.

[228] Costanza R, Lisa Wainger, Carl Folke, et al. Modeling complex ecological economic systems [J]. Boiscience, 1993, 43 (8): 545 - 555.

[229] Costanza R. What is ecological economics [J]. Ecological Economics, 1989, 1 (1): 1 - 7.

[230] D. J. Knowler, The economics of soil productivity: local, national and global perspectives [J]. Land Degradation & Development, November/December, 2004.

[231] Faber M, Manstetten R, Proops J. Ecological Economics: Concepts and Methods [M]. Cheltenham: Edward Elgar, 1996.

[232] Garrette. C. Evolution of the global sustainable consumption and production policy and the United Nations Environment Programme's supporting activities [J]. Journal of Cleaner Production, 2007, 15 (6).

[233] G. R. Conway. Agroecosystem Analysis [J]. Agricultural Administration, 1985 (20): 31 – 55.

[234] Hockenstein J B, Robert Ns, Bradley W. Creating the next generation of market-based too [J]. Environment, 1997, 39 (4).

[235] Honachefsky W B. Ecologically Based Municipal Planning [M]. Lewis Publisher. Boca Raton, FL, 1999.

[236] James R. Cohen. Maryland's "Smart Growth". Urban Sprawl: Causes Consequences and Policy Responses [M]. Washington. D. C: Urban Institute Press, 2002.

[237] Kenneth E. Boulding, The Economics of the Coming Spaceship Earth, in: H. Jarrett (Ed.) Environmental quality in a growing economy [M]. Resources for the Future/Johns Hopkins University Press, Baltimore, 1966.

[238] Kerstin Tews, The diffusion of environmental policy innovations: cornerstones of an analytical framework [J]. European Environment, March/April, 2005.

[239] Martinez-Alier J, Munda G, O'Neill J. Theories and methods in ecological economics: a tentative classification [A]. In:

Cleveland C J, Stern D I, Costanza R ed. The Economics of Nature and the Nature of Economics [C]. Cheltenham: Edward Elgar, 2001: 34 -56.

[240] M Roseland. Dimension of the eco-city [M]. EIsevier Science, 1997, 4 (22): 197 -202.

[241] Pasinetti, L. Lectureson the Theory of Production [M]. New York, Columbia University Press, 1977.

[242] Per-Olof Busch, Helge Jorgens, International patterns of environmental Policy change and convergence [J]. European Environment, 2005.

[243] PRICE, C. Time, Discounting and Value [M]. Cambridge, MA, Basil Blackwell, 1993.

[244] Register R. Eco-city Berkeley: Building Cities for A Healthier Future [M]. CA: North AtlanticBooks, 1987: 13 -43.

[245] Register R and peeks B. Village Wisdom/Future city [C]. The Third International Eco-city Eco-village Conference, Oakland, USA: Eco-city builder, 1996, 3 (12): 204 -205.

[246] Robert Costanza, John Cumberland, Herman Daly, et al. An Introduction to Ecological Economics [M]. St. Lucie Press, 1997.

[247] Roelof M Boumans, Villa F, Coatanza R, et al. Non-spatial calibrations of a general unit model for ecosystem simulations [J]. Ecological Modeling, 2001 (146): 17 -32.

[248] Roseland M. Dimensions of the Future: An Eco-city Overview [M]. Eco-city Dimensions, Edited by Roseland M. New

Society Publishers, 1997: 1 – 12, 34.

［249］Rosimeiry Portela, Ida Rademacher. A dynamic model of pattern of deforestation and their effect on the ability of the Brazilian Amazonia to provide ecosystem services ［J］. Ecological Modeling. 2001 （143）: 115 – 146.

［250］Shi Yafeng, Qu Yaoguang. Water Resources Carrying Capacity and Rational Development and Utilization of arü mqi River ［M］. Beijing: Science Press, 1992: pp94 – 111.

［251］Tian Shi. Ecological economics in China: Origins, dilemmas and Prospects ［J］. Ecological Economies, 2002 （41）: 5 – 20.

［252］Turner K. , et al. Ecological Economics: paradigm or perspective ［M］. In: vanden Bergh, J. , vander Straten, J. eds. Economy and Ecosystems in Change: Analytical and Historical Approaches. Edward Elgar, Cheltenham, 1997: 25 – 49.

［253］Wachernagel M. Rees We. Our ecological footprint: reducing human impact on the earth ［M］. Gabriola Island: New Society Pub-lishers, 1996.

［254］Wachernagel M. Yount J D. Footprint for sustainability: the next step ［J］. Environment, Development and Sustainability, 2002 （2）: 21 – 42.

［255］Yeqiao Wang, Xinsheng Zhang. A dynamic modeling approach to simulation socioeconomic effects on landscape changes ［J］. Ecological Modeling, 2001 （140）: 141 – 162.

［256］刘思华. 理论生态经济学若干问题研究 ［M］. 南宁:

广西人民出版社，1989.

[257] 王松霈. 走向 21 世纪的生态经济管理 ［M］. 北京：中国环境科学出版社，1997.

[258] 王洛林. 中国西部大开发战略未来 50 年 ［M］. 北京：北京出版社，2002.

[259] 丛林. 技术进步与区域经济发展 ［M］. 成都：西南财经大学出版社，2002.

[260] 马尔萨斯. 人口论 ［M］. 北京：北京大学出版社，2008.

[261] 马世骏，王如松. 社会—经济—自然复合生态系统 ［J］. 生态学报，1984，4 (1)：1 - 9.